DÉCOUVERTE

DE LA

VRAIE CAUSE DE LA PRÉCESSION

DES ÉQUINOXES

AINSI QUE DE LA

RÉTROGRADATION

DES NŒUDS DE LA LUNE

Contre l'ordre des signes du Zodiaque,

PAR ANTOINE DERYAUX,

de Vienne (Isère) (1).

Prix : 3 francs.

(1) Cette importante découverte, qui a déchiré le voile dans lequel était enveloppée la science astronomique, est appelée à donner la solution des nombreux phénomènes qui, jusqu'à présent, n'avaient été que très-imparfaitement compris.

VIENNE,

Imprimerie et lithographie de TIMON frères, montée des Capucins, 3.

13 septembre 1850.

V

DÉCOUVERTE

DE LA

VRAIE CAUSE DE LA PRÉCESSION

DES ÉQUINOXES

AINSI QUE DE LA

RÉTROGRADATION

DES NŒUDS DE LA LUNE

Contre l'ordre des signes du Zodiaque,

PAR ANTOINE DERYAUX,

de Vienne (Isère) (1).

Prix : 3 francs.

(1) Cette importante découverte, qui a déchiré le voile dans lequel était enveloppée la science astronomique, est appelée à donner la solution des nombreux phénomènes qui, jusqu'à présent, n'avaient été que très-imparfaitement compris.

VIENNE,

Imprimerie et lithographie de Timon frères, montée des Capucins, 3.
15 septembre 1850.

PRÉFACE.

Aimant à me rendre compte des phénomènes offerts par la nature aux regards des hommes, j'ai consacré la majeure partie de mes moments de loisir à contempler les faits merveilleux qui se passent journellement sous nos yeux, afin d'en connaître, autant que possible, les causes primitives.

J'ai, comme mes devanciers dans ce genre d'étude, rencontré des bornes infranchissables par l'imagination humaine; néanmoins, à force de persévérance, je crois être parvenu à agrandir un peu le cercle dans lequel étaient restreintes les connaissances des hommes.

Il est probable que ce qui m'a permis de pénétrer plus loin qu'on ne l'avait fait jusqu'à ce jour dans les secrets de la nature, vient de ce que, n'ayant pas continué de suivre les sentiers battus par mes prédécesseurs, je suis entré dans une nouvelle voie, qui m'a paru préférable, et m'a permis de soulever un coin du voile qui nous cachait la vérité.

Quelle que soit la cause de ma réussite, je dois en donner connaissance, attendu qu'elle est appelée à faire

faire un grand pas à la science, et qu'elle peut contribuer au bonheur de l'humanité.

Il m'est pénible de ne pas user d'un langage plus modeste, attendu que la modestie est ce qui convient le mieux à un écrivain, quelle que soit la nature de ses écrits; mais ce qui me fait parler avec autant de témérité, c'est l'espoir de rompre la digue formée par les vieux préjugés, c'est la profonde conviction de la certitude des faits que j'avance, et que je me fais fort de prouver d'une manière irrécusable.

Pour bien faire comprendre les avantages qu'on peut retirer de mes découvertes en astronomie, je vais démontrer clairement qu'on a fait prendre à cette science, à peine sortie du berceau, une route opposée à celle qu'elle devait suivre, en donnant de fausses interprétations à certains phénomènes.

Cela fera connaître pourquoi l'astronomie est restée enfermée dans des limites aussi étroites, malgré la rare perfection des instruments propices au développement de la science, et les travaux inouïs de divers hommes célèbres qui se sont succédé pendant ces deux derniers siècles de lumières.

Il sera bien facile de comprendre que, si l'astronomie n'avait pas reçu une fausse direction, elle n'eût pu rester aussi longtemps stationnaire.

Entr'autres erreurs bien marquées, qui se sont accréditées en astronomie, il en est une qui étonnera beaucoup les hommes qui s'occupent de cette science, et ils reconnaîtront combien il faut qu'ils aient été induits en erreur par les faux principes qu'ils ont reçus, pour ne pas avoir reconnu de quel côté s'effectue le mouvement réel de la lune, qui est le satellite de la terre.

M'étant rendu compte, par le passage de la planète Mercure sur le disque du soleil, qui a eu lieu le 9 novembre 1848, qu'il y a justesse et analogie entre les distances, les mouvements et les grosseurs qu'on a attribués aux corps célestes, j'ai, pour rendre mes explications plus faciles à comprendre, conservé les anciennes lieues telles qu'elles étaient données pour mesurer les distances et les grosseurs des corps, et j'ai simplifié mes opérations autant qu'il m'a été possible de le faire, afin de les mettre à la portée de toutes les intelligences.

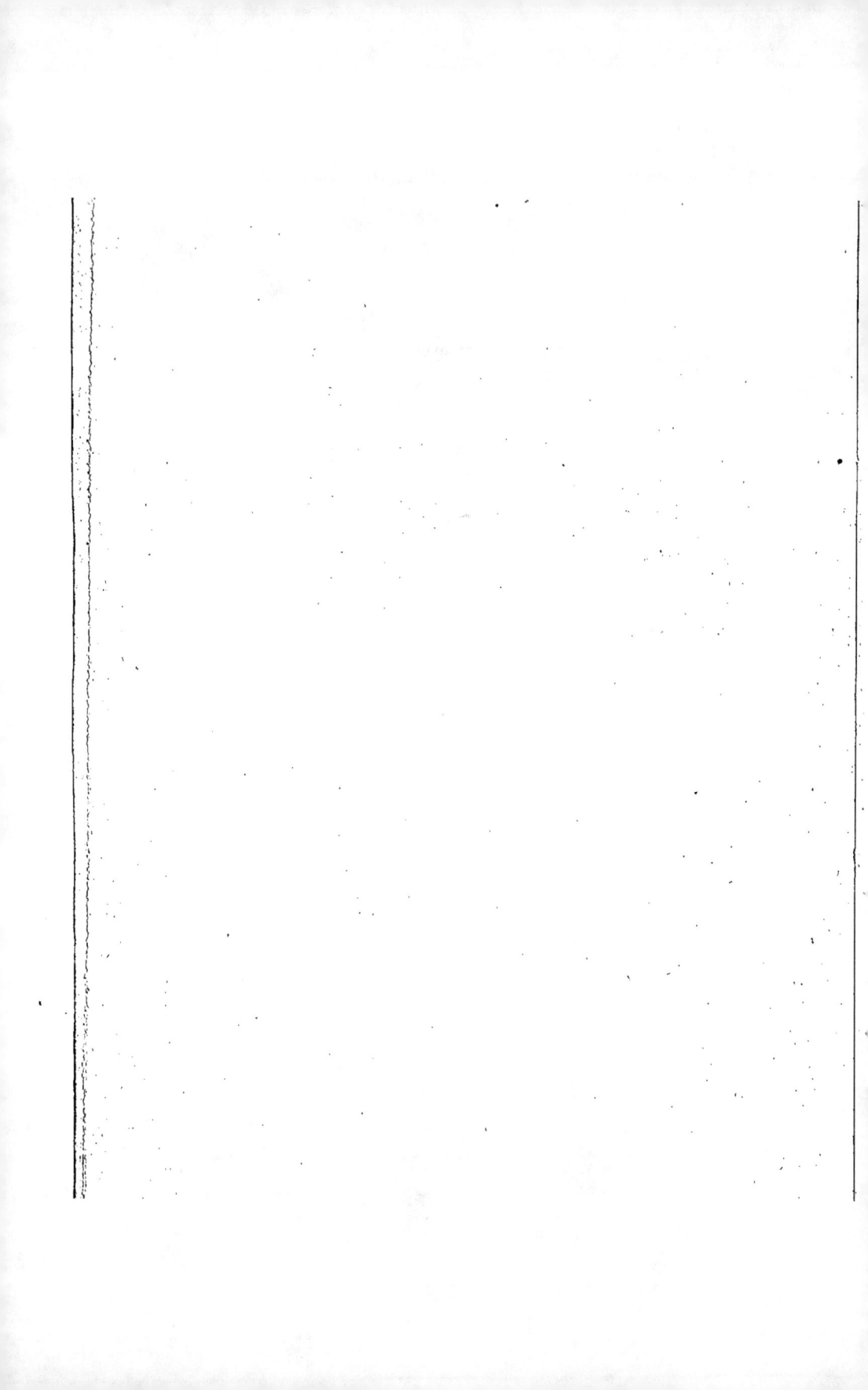

ANALYSE DE L'HISTOIRE DE L'ASTRONOMIE D'APRÈS LES DIFFÉRENTS
SYSTÈMES SUIVIS JUSQU'A CE JOUR, — ET CITATION D'UNE PARTIE
DES PRINCIPAUX HOMMES CÉLÈBRES QUI SE SONT OCCUPÉS DE CETTE
SCIENCE.

La vue du soleil a, de tout temps, fixé l'attention des
hommes, plus particulièrement dans ces pays heureux où
la sérénité de l'air les invite à observer les étoiles semées
sur la voûte azurée.

Ce sont les Chaldéens (1), les Égyptiens et les Grecs qui
nous ont laissé les plus anciennes traditions de la position et des mouvements des astres.

Le lever et le coucher du soleil, de la lune et des
étoiles, ainsi que les élévations différentes du soleil, à diverses périodes de l'année, les nombreuses étoiles qui em-

(1) Les Chaldéens sont considérés comme les premiers astronomes
par tous les historiens, tant sacrés que profanes.

Les écritures font mention d'une nation connue sous le nom de
Chaldéens, qui arrivèrent en Assyrie et en Égypte longtemps avant
Jérémie. La Chaldée n'était qu'un très-petit territoire situé au midi
de Babylone, et affecté à ses peuplades. C'est là qu'ils instruisaient les
prêtres de cette dernière ville dans l'art de prédire les révolutions des
corps célestes. Les calculateurs du temps, les mages et autres, ont
toujours été désignés sous le nom de Chaldéens.

bellissent le firmament, dans leurs saisons respectives, et qui furent adoptées comme des signes de ces saisons, tout ce spectacle mena bientôt à la connaissance du mouvement du soleil, à celui de la lune, à ses phases, à ses éclipses, et enfin aux mouvements des planètes.

Pour distinguer ces corps et reconnaître leurs mouvements divers, les anciens eurent l'idée de diviser le ciel en plusieurs grandes parties, ou constellations, en groupant un nombre d'étoiles sous la forme de certaines figures, pour aider l'imagination et la mémoire à concevoir et retenir leur nombre, leur ordre, et leurs dispositions particulières.

La division primitive des cieux en constellations est donc très-ancienne. On voit qu'elle était connue des premiers auteurs de l'antiquité. Le livre de Job contient le nom de quelques-unes de ces constellations.

Il est une chose à remarquer : c'est que, depuis la division primitive des cieux en constellations, les étoiles qui font partie de ces groupes n'ont subi aucun changement vis-à-vis les unes des autres ; elles ont toujours conservé leur position respective. C'est ce qui leur a valu le surnom d'étoiles fixes, et ce qui a engagé les astronomes à s'en servir comme jalons pour distinguer les mouvements des corps célestes.

Les étoiles fixes n'ont aucun autre mouvement à nos regards que celui occasionné par la rétrogradation des points équinoxiaux, appelés précessions des équinoxes. Ce mouvement fait augurer que toutes les étoiles sont transportées ensemble vers l'orient par une vitesse de 20 minutes 22 secondes par année, ce qui fait 25,825 ans pour achever leur révolution.

9

La cause de ce phénomène n'ayant pas été comprise par les anciens astronomes, ceux-ci lui ont donné une fausse interprétation, et c'est cette fausse interprétation qui est la première cause, et la cause capitale des erreurs dans lesquelles la science astronomique est tombée; mais à cette époque, où on ne possédait pas encore des télescopes, les astronomes ne connaissaient pas le mouvement de rotation du soleil; ils ne pouvaient pas se rendre compte de quel côté cet astre avance dans l'espace en emportant avec lui toutes les planètes qui font partie de son système.

Il est donc moins extraordinaire, pour eux, qu'ils n'aient pas compris la vraie cause de la rétrogradation des équinoxes et des solstices, que pour ceux qui ont eu à leur service des instruments propres à leur montrer la vérité.

Néanmoins, ce qui est différé n'est pas perdu : si les hommes qui professent la science astronomique et possèdent des instruments au moyen desquels ils peuvent se rendre compte des mouvements des corps célestes, si ces savants, dis-je, veulent franchement faire abnégation de toutes questions d'amour-propre et entrer dans la voie que je vais leur enseigner, il est certain qu'en peu de temps la science astronomique s'élèvera à toute la hauteur où elle peut aspirer, et pourra rendre de grands services à l'humanité.

Je dis que l'astronomie peut contribuer au bonheur de l'humanité, parce que, parmi les connaissances qu'elle peut révéler aux hommes, il y en a qui peuvent leur être profitables pour leurs besoins d'existence.

Les constellations des étoiles, formées par les anciens, étaient au nombre de 48; elles étaient ainsi classées : 12 dans l'écliptique, auxquelles ils donnèrent le nom de 12 signes du zodiaque ; 21 qui se trouvent au nord du grand cercle appelé *banque zodiacale*, et 15 au midi dudit cercle.

Les constellations boréales sont : la *Petite-Ourse*, la *Grande-Ourse*, le *Dragon*, *Céphée*, le *Bouvier*, la *Couronne Boréale*, *Hercule*, la *Lyre*, le *Cygne*, *Cassiopée*, *Persée*, le *Cocher*, *Ophiusus* ou le *Serpentaire*, le *Serpent*, la *Flèche*, l'*Aigle*, le *Dauphin*, *Pégase*, *Andromède* et le *Triangle*.

Les constellations de l'écliptique ou zodiacale sont : le *Bélier*, le *Taureau*, les *Gémeaux*, le *Cancer*, le *Lion*, la *Vierge*, la *Balance*, le *Scorpion*, le *Sagittaire*, le *Capricorne*, le *Verseau* et les *Poissons*.

Les constellations méridionales sont: la *Baleine*, *Orion*, l'*Éridan*, le *Lièvre*, le *Grand-Chien*, le *Petit-Chien*, le *Navire*, la *Coupe*, le *Corbeau*, le *Centaure*, le *Loup*, l'*Autel*, la *Couronne australe* et le *Poisson austral*.

Les autres étoiles, qui ne sont pas comprises dans ces constellations, étaient désignées sous la dénomination de sporades, ou étoiles informes. Quelques-unes de ces dernières étoiles ont été classées en constellations par les astronomes modernes. On observe cependant que, sur les globes célestes, les figures des anciennes constellations ont été dessinées de manière à les comprendre toutes. Il est probable que les figures des signes du zodiaque ont été imaginées relativement aux saisons de l'année ou au mois de la marche solaire ; ainsi, le premier signe du zodiaque, le *Bélier*, indique qu'au 21 mars, lorsque le soleil entre dans l'équinoxe du printemps, les agneaux commencent à suivre leurs mères; le Taureau a sans doute été placé par les Égyptiens et les Babyloniens dans cette partie du zodiaque que le soleil semblait parcourir dans le temps où les vaches mettent bas leurs veaux, et, ainsi de suite, on avait rendu chaque signe du zodiaque analogue à l'époque de la saison.

Au temps d'Hipparque, 140 ans avant l'ère chrétienne, l'entrée du soleil dans le signe du Bélier marquait le commencement du printemps; après quoi il décrivait les autres signes du Taureau, des Gémeaux, etc., etc.; mais le mouvement rétrograde des points équinoxiaux a changé depuis la coïncidence des saisons avec les signes; cependant les observateurs, accoutumés à marquer le commencement du printemps dans le signe du Bélier, ont continué de la même manière; mais les constellations vraies, formées par les groupes d'étoiles qui sont immuables dans le ciel, ces constellations ne coïncident plus avec les signes dont elles avaient reçu le nom. Ainsi le signe du Bélier est maintenant dans la constellation des Poissons, et le signe du Taureau dans celle du Bélier, de manière qu'à l'équinoxe du printemps le soleil semble correspondre près de la constellation vraie du Verseau. Par la suite des temps il rétrogradera successivement du Verseau au Capricorne, de là au Sagittaire, etc., etc.

Les mouvements généraux que je viens d'expliquer affectent toutes les étoiles fixes; mais il y en a quelques-unes qui forment exception à cette règle et qui ont un mouvement propre, ou, du moins, par leur position à notre

égard, elles ont paru avoir un mouvement propre, un dérangement physique, dont les astronomes ignorent la
cause, d'après l'aveu de M. de Lalande dans son *Abrégé
d'astronomie*, page 358.

Ne trouvant rien de mieux à faire pour combler une
lacune, les astronomes attribuent toujours à la même
puissance les différents phénomènes dont ils ne peuvent
pas comprendre la vraie cause; ainsi ils l'attribuent encore à l'attraction des autres étoiles ou des planètes de
quelques systèmes voisins, pour expliquer les différences
de variations que semblent avoir éprouvées quelques
étoiles fixes; enfin, ils font comme un voyageur qui, en
présence d'une croisée de chemin, a pris la droite quand
il devait prendre la gauche, ou la gauche quand il devait prendre la droite, et qui, ne sachant plus son bon
chemin, marche toujours dans la même voie.

Par mon nouveau système il est facile de se rendre
compte de beaucoup de phénomènes qui, jusqu'à ce jour,
n'ont été qu'imparfaitement compris, et particulièrement
de la vraie cause pour laquelle, parmi les étoiles fixes, il
en est quelques-unes qui semblent avoir varié de la règle
générale.

Je vais donner connaissance de cette cause, et on verra
qu'elle est loin d'être celle qu'on avait attribuée à ce phénomène.

Cette preuve, à elle seule, devrait suffire aux hommes
compétents pour leur faire reconnaître qu'à son début la
science astronomique a reçu une fausse direction qui l'a
fait dévier de la route qu'elle devait suivre, et que, tant
qu'on la laissera dans cette ornière, elle sera condamnée

à ne pas sortir des limites étroites dans lesquelles elle est resserrée.

Voici la vraie cause pour laquelle, parmi les étoiles fixes, il y en a quelques-unes, (telles que Sirius, Arcturus, Rigel, etc.), qui font exception à la règle au sujet du mouvement général qui leur est affecté, cette cause est : que ces étoiles étant de première classe, elles font partie du groupe d'étoiles fixes dans lequel le système planétaire se trouve situé, faisant sa révolution de translation autour d'une de ces étoiles, laquelle révolution s'achève en 25,825 ans. Voici la preuve des faits que j'avance :

Trompé par l'illusion de nos sens, il nous semble que les étoiles primaires sont disséminées dans le ciel, et qu'elles occupent tout le firmament, tandis qu'elles ne forment qu'un groupe qui ne doit occuper qu'une très-petite place dans l'espace qui s'étend à l'infini.

Il serait très-possible qu'un observateur placé dans le groupe des étoiles appelées les *Pléiades,* ne vit le groupe formé pas les étoiles fixes, que nous appelons *Primaires,* pas plus grandes que nous ne voyons nous-mêmes celui des Pléiades. On peut faire cette supposition, parce que l'observateur, étant ainsi placé, verrait le groupe formé par les étoiles de première classe d'aussi loin que nous voyons celui des Pléiades, et il est très-possible que ces deux groupes n'occupent pas plus de place l'un que l'autre dans l'espace.

Quoi qu'il en soit, il est certain que le soleil ne peut pas être considéré comme une étoile fixe, attendu qu'il n'est que le satellite d'un de ces grands centres autour duquel il opère une révolution de translation, tout comme la terre effectue une révolution de translation autour du soleil, et comme la lune opère aussi une révolution autour de la terre. Le soleil ne peut être classé que comme ces étoiles qu'on entrevoit difficilement à l'œil nu, lesquelles petites étoiles opèrent, comme le soleil, une révolution de translation autour des grandes étoiles fixes, et il faut être muni d'un télescope pour bien les apercevoir. Le système solaire étant, comme je l'ai déjà dit, dans l'intérieur du groupe composé des étoiles primaires, ces dernières se trouvent interposées entre le soleil et les étoiles fixes qui font partie des autres groupes bien plus éloignés. Le système planétaire effectuant sa révolution autour d'une de ces étoiles primaires, on comprendra facilement que ces dernières, qui sont beaucoup plus rapprochées du soleil que les autres étoiles fixes, ne conservent pas la même position dans le ciel vis-à-vis des points beaucoup plus éloignés; tout comme lorsque la terre fait sa révolution de translation autour du soleil, cet astre ne conserve pas, aux yeux des habitants de la terre, la même position dans le ciel vis-à-vis des étoiles fixes; seulement cette différence est plus sensible par le mouvement de la terre autour du soleil que par celui du soleil autour de son étoile supérieure, attendu que le soleil n'achève sa révolution de translation qu'en 25,825 ans, tandis que la terre achève la sienne en une année.

Il n'est pas nécessaire d'avoir recours aux démonstrations astronomiques pour comprendre d'où viennent les différences de variations aux yeux des habitants de la terre, entre les étoiles de première classe et les autres étoiles fixes, car on a besoin seulement de remarquer que, en

descendant sur un fleuve ou sur une route, on voit les
objets près de soi passer beaucoup plus vite que ceux qui
en sont plus éloignés, et, par conséquent, changer alternativement de position vis-à-vis les uns des autres.

La science astronomique a été cultivée bien des siècles
avant la naissance de la mythologie, qui ne fit qu'en
consacrer les découvertes. L'établissement de ce culte
n'est certainement que d'une date récente, et doit proba-
blement avoir été mis en pratique vers le temps où le
signe du Taureau passait dans l'équinoxe du printemps,
et le signe du Lion dans le solstice d'été, c'est-à-dire près
de 2,500 ans avant l'ère vulgaire. A cette époque tout
avait une face nouvelle : chaque symbole de la sphère
avait sa signification primitive et un caractère plus au-
guste. Ces symboles furent consacrés alors, et donnèrent,
par la suite, l'occasion de créer ces fables et ces aven-
tures singulières que la poésie finit par embellir de tous
les charmes de l'imagination.

Les observations astronomiques les plus anciennes qui
aient survécu au désastre de l'incendie de la bibliothèque
d'Alexandrie sont trois éclipses de lune observées à Baby-
lonne dans les années 719 et 720 avant Jésus-Christ. Ptolémée, qui les cite dans son *Almageste*, les emploie dans
sa détermination du mouvement de la lune. Il est à peu
près certain que ni lui, ni Hipparque, n'en purent obtenir
de plus anciennes, car l'exactitude de la comparaison est
en proportion de l'intervalle qui sépare les observations.

L'astronomie n'était pas moins ancienne en Égypte que
dans la Chaldée. Les Égyptiens connaissaient longtemps avant l'ère chrétienne que l'excès de l'année de 565

16

jours était du quart d'un jour. C'est cette connaissance qui leur fit imaginer leur période de 1,460 ans, qui, suivant eux, ramenait les mêmes saisons, les mois et les fêtes de leurs années, dont la longueur était de 365 jours. La direction exacte des côtés de leurs pyramides vers les quatre points cardinaux nous donne une idée très-avantageuse de la sagesse de leurs observations. Il est probable qu'ils eurent aussi des méthodes pour calculer les éclipses; mais ce qui fait le plus grand honneur à leur astronomie, c'est l'observation très-importante et très-difficile qu'ils firent du mouvement de Mercure et de Vénus autour du soleil, observation que je puis donner pour exacte d'après le rendement de compte que je m'en suis fait par le dernier passage de la planète Mercure sur le disque du soleil. Ce passage a eu lieu le 9 novembre 1848.

La réputation des prêtres égyptiens attira à eux les plus grands philosophes de la Grèce, et, suivant toute apparence, l'école de Pythagore leur dut les notions saines qu'elle professait relativement au système de l'univers.

Il est très-fâcheux, pour l'avancement de la science astronomique, que ces peuples n'aient pas compris la vraie cause de la précession des équinoxes; car s'il en eût été autrement, il est presque certain que l'astronomie, au lieu d'être restée enfermée dans les limites du système planétaire, comme elle l'a fait jusqu'à ce jour, aurait peut-être pris un développement bien plus étendu.

Il est inutile que je suive plus longtemps les diverses phases de la science astronomique se traînant péniblement dans la fausse direction qu'on lui a fait prendre, et roulant autour d'un cercle vicieux; je me bornerai seulement

à citer une partie des principaux hommes célèbres qui ont
le plus travaillé à l'étude de cette science.

Parmi ces savants (tous doués d'une imagination féconde et de rares talents) il s'en est trouvé qui, malgré
la fausse voie dans laquelle la science astronomique était
engagée, ont fait des prodiges extraordinaires et ont éta-
bli des lois qui survivront toujours; mais il s'en est
trouvé d'autres qui, malgré leur grande érudition, ont
contribué pour beaucoup à la stagnation et même à la
rétrogradation de la science astronomique, et cela pour
avoir fait admettre de faux principes qu'ils avaient reçus
eux-mêmes.

C'est ainsi que la fausse impulsion donnée à l'astronomie a rendu presque stériles les efforts inouïs de beaucoup
d'hommes à grand génie.

Je dis que ces savants ont fait des efforts inouïs, parce
qu'il est bien extraordinaire qu'ils aient pu atteindre la
vraisemblance des faits en partant d'un faux principe.
Il est bien plus difficile, en effet, de donner la solution
d'une chose dont on ne connaît pas la vraie cause, que
lorqu'on peut remonter à la source de cette cause. Ainsi,
pour expliquer les phénomènes de la précession des équinoxes, causée par la rétrogradation des points équinoxiaux, tout comme pour démontrer la rétrogradation
des nœuds de la lune, les astronomes ayant mal inter-
prété ces phénomènes, et n'en connaissant pas la vraie
cause, ont été obligés de faire des calculs sans fin pour
obtenir un peu de coïncidence. Une fois engagés dans cette
fausse voie, leurs successeurs ont toujours suivi la même
route, ce qui les a de plus en plus éloignés de la vérité,

2

qui, sans leur donner autant de fatigues, leur aurait fait
obtenir beaucoup plus de succès.

Les principaux hommes de l'antiquité qui ont beaucoup
travaillé à l'étude de la science astronomique sont :

Thalès, Anaximandre, Anaximène, Anaxagore, Périclès,
Pythagore, Philolaüs, Aristarque, Ératosthène, Hipparque,
Aristilles, Timocharès, Agrippa, Ménélaüs, Théon et Pto-
lémée.

Ces savants ont tous rendu plus ou moins de services
à la science astronomique, malgré la fausse voie dans laquelle cette science était engagée ; mais malheureusement la majeure partie de leurs observations périt dans
l'incendie de la bibliothèque d'Alexandrie ; il n'en resta
que quelques fragments qui ne se trouvaient pas dans l'en-
ceinte de cette bibliothèque, lesquels fragments furent re-
cueillis bien longtemps après.

Les progrès de l'astronomie dans l'école d'Alexandrie
se terminèrent par les travaux de Ptolémée. L'école exista
encore pendant cinq siècles ; mais les successeurs de Ptolémée et d'Hipparque se contentèrent de commenter leurs
ouvrages sans ajouter à leurs découvertes, et, à l'exception de celles de Théon, d'Athènes, les phénomènes du
ciel n'eurent plus d'observateurs pendant plus de six cents
ans. Rome, autrefois le siége de la valeur et des sciences,
ne fit rien pour l'astronomie. La haute considération qui
fut toujours attachée à l'éloquence et aux talents militaires
séduisait tous les esprits, et la science, n'offrant aucun
avantage, fut nécessairement négligée au milieu des conquêtes entreprises par l'ambition, et des commotions intérieures qui détruisirent la liberté et asservirent Rome au

despotisme des empereurs. La division de l'empire, conséquence nécessaire de sa vaste étendue, entraîna sa chute, et les lumières de la science ne brillèrent plus que chez les Arabes.

Ce peuple, exalté par le fanatisme, après avoir porté ses armes et sa religion sur une partie de la terre, ne fut pas plus tôt rendu au repos qu'il s'adonna aux lettres et aux sciences, ce qui eut lieu quelque temps après qu'il eut brûlé leur plus bel ornement, la fameuse bibliothèque d'Alexandrie. Ce fut en vain que le philosophe Philoponus mit tout en œuvre pour la sauver. « Si ces livres, répondit Omar, sont conformes à l'Alcoran, ils sont inutiles, et s'ils y sont contraires, ils sont détestables. » C'est ainsi que périt ce trésor d'érudition et de génie. Le regret suivit bientôt cette perte irréparable, car les Arabes ne tardèrent pas à s'apercevoir qu'ils s'étaient privés des fruits les plus précieux de leurs conquêtes.

Vers le milieu du xiiie siècle, le calife Almanzor accorda des encouragements à l'astronomie; mais, parmi les princes arabes qui se distinguèrent par leur amour pour la science, le plus célèbre dans l'histoire est Almamoun, qui régna à Bagdad en 814. Après avoir défait l'empereur grec Michel III, il lui imposa, entre autres conditions de paix, celle de lui remettre les meilleurs livres de la Grèce. L'*Almageste* étant de ce nombre, ce calife le fit traduire en arabe, et répandit de la sorte la connaissance de l'astronomie qui avait autrefois fondé la célébrité de l'école d'Alexandrie.

Les encouragements que ce prince et ses successeurs donnèrent à l'astronomie produisirent un grand nombre d'astronomes, parmi lesquels Albategnius mérita la première place.

Alphonse, roi de Castille, fut un des premiers souverains de l'Europe qui encouragèrent la science astronomique; elle compte peu de protecteurs aussi zélés; mais ce monarque fut mal secondé par les astronomes qu'il avait rassemblés à grands frais; les tables qu'ils publièrent ne valurent jamais les dépenses qu'ils lui avaient occasionnées.

Fatigué, comme le roi Alphonse, de l'extrême complication du système de Ptolémée, Copernic tâcha de découvrir dans les philosophes anciens un arrangement plus simple de l'univers. Il trouva que plusieurs d'entre eux avaient supposé que Vénus et Mercure accomplissaient leur révolution de translation autour du soleil; que Nicétas, suivant Cicéron, faisait tourner la terre sur son axe, et dégageait ainsi la sphère céleste de la vélocité inconcevable qu'on lui attribuait pour accomplir sa révolution diurne en 24 heures. Il apprit d'Aristote et de Plutarque que les Pythagoriciens avaient fait tourner la terre et les planètes autour du soleil, et qu'ils plaçaient cet astre au centre de l'univers. Ces idées lumineuses le frappèrent; il les appliqua toutes avec succès aux observations astronomiques que le temps avaient multipliées, et il vit qu'elles convenaient à la théorie du mouvement de la terre; mais malheureusement ces observations, quoique sublimes, étaient entachées de la fausse interprétation que les anciens avaient donnée à la rétrogradation des points équinoxiaux et solsticiaux.

Copernic ne fut pas témoin du succès de son ouvrage.

Ce grand homme mourut subitement à l'âge de soixante-onze ans, au moment où il venait de recevoir la première épreuve de ses œuvres.

Galilée, l'un des premiers savants qui ait joui de l'invention du télescope, se servit de cet instrument avec succès, et, dès ce moment, il ne douta plus du mouvement de rotation de la terre sur elle-même, ainsi que de celui de translation autour du soleil; mais l'idée de ces mouvements fut désapprouvée par le fanatisme, et Galilée fut obligé de rétracter sa théorie pour échapper aux poursuites dirigées contre lui.

Dans un homme de génie la passion la plus forte a toujours été l'amour de la vérité. Plein de cet enthousiasme qu'une grande découverte inspire, il brûle de la répandre, et les obstacles causés par l'ignorance et la superstition ne font qu'irriter et accroître cette passion.

Galilée, âgé de 70 ans, fut forcé de faire un second désaveu de ses opinions; on lui fit des menaces sérieuses s'il continuait d'enseigner le système de Copernic; il fut donc obligé de signer cette abjuration fameuse :

« Moi, Galilée, à la 70me année de mon âge, constitué
« personnellement en justice, étant à genoux, et ayant
« devant les yeux les saints évangiles que je touche de
« mes propres mains, d'un cœur et d'une foi sincère
« j'abjure, je maudis et je déteste l'erreur, l'hérésie du
« mouvement de la terre, etc. » (1)

---

(1) On prétend qu'au moment où il se releva, ce grand homme, agité par le remords d'avoir fait un faux serment, les yeux baissés vers la terre, dit, en la frappant du pied : « Cependant elle tourne. »

Ticho-Brahé, un des plus grands observateurs connus, naquit à Knucksturp, en Norwége. Son goût pour l'astronomie se manifesta dès l'âge de 14 ans, à l'occasion d'une éclipse de soleil qui arriva en 1560.

Ce phénomène lui inspira l'envie d'en connaître les principes, et ce désir fut encore augmenté par l'opposition de ses précepteurs et de sa famille.

L'invention de nouveaux instruments, et les perfectionnements ajoutés à ceux qu'on possédait déjà, donnèrent une plus grande précision aux observations.

Une connaissance plus parfaite des réfractions astronomiques, enfin des observations très-nombreuses sur les planètes, qui ont servi de base aux découvertes de Képler, tels sont les principaux services que Ticho-Brahé rendit à l'astronomie.

Frappé des objections que les adversaires de Copernic faisaient relativement au mouvement de la terre, et, peut-être, cédant à la vanité de donner son nom à un nouveau système, il manqua celui de la nature. Suivant Ticho-Brahé, la terre est immobile au centre de l'univers ; toutes les étoiles se meuvent chaque jour autour de l'axe du monde, et le soleil, dans sa révolution annuelle, emporte les planètes avec lui.

Ce système, aussi absurde que celui de Ptolémée, ne contribua pas à la gloire de son auteur, et il faut avouer que Ticho-Brahé, quoique grand observateur, ne fut jamais heureux dans la recherche des causes. Son esprit, peu philosophique, était même imbu des préjugés de l'astrologie, qu'il essaya de défendre.

Dans ses dernières années, Ticho eut Képler pour disciple. Celui-ci naquit à Viel, en 1571, dans le duché de Wirtimberg ; il fut un de ces hommes extraordinaires que la nature accorde rarement aux sciences pour démontrer dans tout leur jour les grandes théories préparées par des siècles de travail.

Képler dut le premier de ses avantages à la nature, et le second à Ticho-Brahé, qui découvrit son génie, l'exhorta à consacrer son temps à l'observation, et lui procura le titre de mathématicien impérial.

La mort de Ticho, qui arriva peu d'années après, mit Képler en possession d'une nombreuse collection d'observations dont il fit le plus noble usage. Après 17 ans de méditations, entre autres belles découvertes, Képler trouva et détermina que les carrés des temps que les planètes mettent pour achever leur révolution de translation autour du soleil sont entre eux comme les cubes de leurs distances.

Cette importante découverte est très-juste ; elle survivra toujours, malgré les rectifications que la science astronomique est susceptible de subir, attendu que cette découverte émane des lois physiques de la nature (1). Ainsi,

_____

(1) Il est prouvé que les corps sont susceptibles de changer de position vis-à-vis les uns des autres, suivant leur raréfaction ou leur condensation.

La raréfaction tend à les éloigner, et la condensation tend à les rapprocher.

Ce sont ces deux tendances différentes qui occasionnent la jonction ou la division des matières. Par ces deux forces, opposées l'une à l'autre, on est parvenu à effectuer quantité de belles expériences physiques et chimiques, en composant, décomposant et analysant les corps.

les diverses planètes qui font partie du système solaire
ayant une tendance à s'approcher du soleil, suivant leurs
degrés de compacité, et étant retenues à leurs distances
respectives suivant leurs degrés de raréfaction, il s'ensuit
que la vélocité de leur mouvement autour du soleil s'effectue conformément à leur position; que cette harmonie
est invariable, et qu'elle sera toujours la même; car en
supposant qu'il s'opérât un changement physique dans l'une
ou plusieurs de ces planètes, soit en condensation, soit en
raréfaction, elles auraient toujours le même rapport entre
elles au sujet de leur révolution autour du soleil, attendu
que, en même temps que l'une d'elles serait, je suppose,
plus raréfiée, ce qui l'éloignerait davantage du soleil, il
s'ensuivrait que cette planète mettrait un peu plus de
temps pour effectuer sa révolution autour de cet astre,
parce que le cercle qu'elle aurait à parcourir serait plus
grand, et son mouvement de translation moins rapide.

Dans le cas contraire, si une de ces planètes devenait
plus compacte, ce qui la rapprocherait davantage du soleil, alors son mouvement de translation autour de cet
astre deviendrait plus rapide, et le cercle qu'elle aurait
à parcourir pour accomplir ce mouvement, étant moins
grand, cette révolution serait plus tôt achevée.

Voilà pourquoi je pense que cette harmonie qui existe
entre les planètes, au sujet des rapports entre le carré des
temps de leurs révolutions de translation autour du soleil et le cube de leurs distances de cet astre, voilà pourquoi, dis-je, ce rapport existera toujours, quoiqu'il arrive.

Malgré son droit à l'admiration publique, Képler vécut
dans la misère. L'astrologie judiciaire était alors la seule

science qu'on honorât et récompensât magnifiquement. Les astronomes du temps, qui auraient pu obtenir les plus grands avantages des découvertes de Képler, les négligèrent ou n'en comprirent pas l'importance.

Les travaux de Huyghens suivirent bientôt ceux de Képler et de Galilée. Vers le même temps, Hévélius se rendit également utile à l'astronomie.

Les libéralités de Louis XIV attirèrent à Paris Dominique Cassini, qui enrichit, pendant quarante ans, l'astronomie d'une foule de découvertes.

Parmi les astronomes de ce temps il faut citer Flamstead, un des plus grands observateurs. Halley s'illustra par des voyages entrepris pour les progrès des sciences. C'est lui qui eut l'idée ingénieuse d'employer le passage de Vénus sur le disque du soleil pour en déterminer la paralaxe. Il faut également citer Bradley, qui se rendit célèbre par quelques découvertes. Descartes fut le premier qui essaya de réduire les mouvements des corps célestes à un principe mécanique. Il imagina des tourbillons dans le centre desquels il plaçait les corps. Son système aurait peut-être été celui qui se serait le plus rapproché de la vérité, si son auteur eût connu la vraie cause de la précession des équinoxes. Descartes ne fut pas plus heureux dans sa théorie mécanique que Ptolémée ne l'avait été dans sa théorie astronomique. Toutefois, leurs travaux n'ont pas été inutiles à la science.

Newton, l'un des plus grands génies que la nature ait produits depuis bien des siècles, nacquit à Woolstrop, en Angleterre, vers la fin de 1642 (qui est l'année de la mort de Galilée) ; ses premiers succès dans les études annoncèrent sa réputation future. Une lecture rapide des livres élémentaires d'astronomie lui suffit pour les comprendre ; il étudia la géométrie de Descartes, l'optique de Képler et l'arithmétique des infinis de Wallis.

Mais bientôt, poussé par son génie novateur, ce savant imagina, avant l'âge de 27 ans, sa méthode de fluctuation et sa théorie de la lumière.

Désirant le repos, et par aversion pour les disputes littéraires, il retarda la publication de ses découvertes. Plus tard, cédant aux désirs de Halley et aux sollicitations de la Société Royale, il publia ses *Principia*. L'Université, dont il était membre, le choisit pour son représentant au parlement conventionnel de 1688.

Il fut créé chevalier, nommé directeur de la Monnaie par la reine Anne, et élu président de la *Société Royale* en 1703, dignité dont il jouit jusqu'à sa mort.

Newton arriva à la loi de la diminution de la gravité par l'analogie de la lumière et de la chaleur, et, après avoir reconnu le rapport qui existait (d'après les lois de Képler), entre les carrés des temps périodiques de la révolution des planètes autour du soleil et les cubes des grands axes de leurs distances de cet astre, il démontra que ce rapport doit exister dans tous les corps.

En comparant la distance et la durée des révolutions des planètes, il connut les densités respectives ainsi que l'intensité de leur force de gravité à leurs surfaces ; en considérant que les satellites se meuvent autour de leurs corps supérieurs, comme si ces corps supérieurs étaient immobiles, il découvrit que tous les corps obéissent à la même force de gravité, suivant leur composition physique.

L'égalité d'action et de réaction lui fit imaginer que le
soleil gravitait vers ses planètes, et celles-ci, vers leurs
satellites ; il établit en principe que toutes les molécules
de matières s'adjoignent et se séparent suivant leur composition. Arrivé à ce principe, Newton vit que le grand
phénomène du système du monde pouvait en être déduit ;
il reconnut que la sphéroïdité des corps célestes tendait
à faire opérer un mouvement circulaire aux satellites qui
ont une tendance à les joindre ; mais malheureusement
pour la science, ce grand observateur de la nature fut,
comme ses prédécesseurs, induit en erreur par la fausse
interprétation qu'on avait donnée à la rétrogradation des
équinoxes et des solstices. Cette erreur capitale fut donc
la cause que l'homme le plus célèbre, celui qui a été reconnu pour réunir le plus de connaissances parmi tous les
savants qui se sont succédé pendant plusieurs siècles, que
ce grand génie confirma les règles adoptées et suivies jusqu'alors au sujet de la cause de la précession des équinoxes,
et leur donna un crédit nouveau.

On ne peut pas faire un reproche de cette erreur
au savant Newton, attendu que, ne connaissant pas lui-
même quelle était la vraie cause de la rétrogradation
des points équinoxiaux et solsticiaux, il ne pouvait empêcher les astronomes d'avoir telle ou telle autre opinion
sur certains phénomènes. Néanmoins, sans être partial,
on peut dire que Newton a contribué pour beaucoup à
la prolongation de cette erreur, en l'appuyant de l'auto-
rité de son génie.

Je ne parlerai pas des divers savants qui ont succédé
à Newton, attendu que ces hommes célèbres ayant ac-

cordé une confiance sans bornes à leurs illustres prédécesseurs, ils ont suivi la route qui leur était tracée sans
se douter qu'ils étaient dans une fausse voie.

Il est inutile que je reproduise les systèmes que les astronomes ont suivis, attendu que chacun peut s'en rendre
compte par les livres d'astronomie.

Par conséquent, bornant là mes explications sur les
méthodes employées jusqu'à ce jour, je vais donner un
aperçu de celles que, je crois, il conviendrait de suivre
pour obtenir la solution de beaucoup de phénomènes qui,
jusqu'à présent, n'avaient été que très-imparfaitement
compris.

J'espère que les hommes compétents me viendront en
aide pour l'accomplissement de cette œuvre. Je les prie
d'excuser l'insuffisance de mon style, et de ne s'arrêter
qu'aux idées que je vais émettre.

OBSERVATIONS.

Avant de commencer la démonstration de mon nouveau système, je ferai remarquer à mes lecteurs que, malgré la grande confiance que j'avais aux astronomes, au sujet des grosseurs, des distances et des vitesses de mouvements qu'ils ont attribuées aux corps célestes, j'ai encore voulu me rendre compte par moi-même s'il y avait justesse et analogie dans ces différentes mesures.

Je savais bien que, au moyen de la paralaxe, lorsqu'on connait la grosseur d'un corps céleste, on peut aisément savoir quelle est sa distance; de même que, lorsqu'on a la mesure de la distance de ce corps, il est facile d'en connaître la grosseur.

Je savais bien aussi que, pour avoir les premières mesures, lorsqu'on n'en possédait aucune, on avait pris la terre pour jalon, avec lequel on avait formé un triangle; or, comme il est démontré par la géométrie que, dans tout triangle, lorsqu'on connait deux angles et un côté, on trouve les deux autres côtés en mesurant l'ouverture desdits angles, par tous ces motifs, j'étais bien à peu près certain qu'il y avait justesse et analogie dans les vitesses des mouvements, les grosseurs et les distances qu'on avait attribuées aux corps célestes; mais, malgré cela, j'ai

voulu m'en rendre compte par moi-même, afin d'avoir
encore plus de confiance en ce qui a été annoncé, et être
bien fixé pour mes recherches dans la science astronomique. Afin de savoir parfaitement à quoi m'en tenir au sujet
des différentes mesures attribuées aux corps célestes, j'ai
profité du dernier passage de la planète Mercure sur le
disque du soleil, passage qui a eu lieu le 9 novembre
1848. Ce passage avait été annoncé en 1847. A cette
époque, et d'après les proportions des distances, des
grosseurs et des vitesses des mouvements qu'on a
attribuées au soleil et aux deux planètes la Terre et Mercure, je combinai que le passage le plus central de cette
dernière planète sur le disque du soleil devait être de
la durée de 586 minutes. Ainsi, pour que toutes les
mesures prises au sujet des trois corps énoncés ci-dessus
fussent conformes aux désignations des astronomes, il
fallait que le passage de la planète Mercure sur le disque
du soleil, qui devait avoir lieu le 9 novembre 1848, s'effectuât presque au centre du soleil, attendu que ce passage devait durer 324 minutes 38 secondes.

En 1847, je publiai ce travail dans le *Moniteur Vien-
nois*, afin que chacun pût observer le passage de la planète Mercure sur le disque du soleil, et voir si ce passage
s'effectuerait bien où il convenait pour que toutes les
mesures désignées par les astronomes fussent justes.

Le 9 novembre 1848, le soleil fut obscurci par des
brouillards qui ne permirent pas qu'on fît cette observation à Vienne (Isère), mais elle a été faite à Paris bien
minutieusement, et le compte-rendu de ce passage a été
inséré dans le journal la *Presse*, au mois de novembre

1848. Ce journal contient une planche qui indique la ligne qu'a parcourue la planète Mercure sur le disque du soleil lors de son dernier passage sur cet astre, le 9 novembre 1848.

J'ai mesuré et vérifié ce passage par une règle de proportion, et j'ai trouvé qu'il s'était effectué absolument à l'endroit où il devait avoir lieu pour qu'il y eût justesse et analogie dans les mouvements, les grosseurs et les distances qu'on a attribués au soleil, à la terre et à la planète Mercure. J'ai reconnu qu'il y avait exactitude dans toutes les mesures qui ont été indiquées à cet égard, soit dans la grosseur du soleil, soit dans les distances de cet astre avec les deux planètes la Terre et Mercure, soit, enfin, dans les vitesses de mouvements de translation de ces dernières autour du soleil; car, s'il en eût été autrement, si toutes les mesures annoncées par les astronomes n'eussent pas été justes, s'il y avait eu la moindre erreur, ou dans la grosseur du disque du soleil, ou dans l'éloignement de cet astre des deux planètes la Terre et Mercure, ou bien encore dans la vitesse des mouvements de translation de ces dernières autour du soleil, si, dis-je, il n'y avait pas eu une justesse parfaite dans les mesures indiquées par les astronomes, il n'y aurait pas eu non plus coïncidence dans le dernier passage de la planète Mercure sur le disque du soleil, qui a eu lieu le 9 novembre 1848; en un mot, ce passage ne se serait pas effectué absolument où il devait avoir lieu d'après les proportions données.

On pourra renouveler cette expérience lors du premier passage de la planète Mercure sur le disque du soleil, ou par celui de la planète Vénus, qui doit avoir lieu le 8 décembre 1874.

Les passages de la planète Vénus sur le disque du soleil sont plus rares que ceux de la planète Mercure; mais ils offrent plus de facilités à l'observateur pour se rendre compte des grosseurs des corps célestes, de leurs distances respectives, ainsi que de leurs vitesses de mouvements, attendu que, dans ces circonstances, la planète Vénus est beaucoup plus rapprochée de la terre que ne l'est la planète Mercure. Ajoutez à cela que le disque de la planète Vénus est plus de deux fois plus large que celui de Mercure, et l'on comprendra qu'il est plus facile d'observer les passages de la planète Vénus sur le disque du soleil que ceux de la planète Mercure.

Le disque de la planète Vénus doit apparaître aux yeux des habitants de la terre plus de quatre fois plus large sur le disque du soleil, lors de son passage sur cet astre, que n'apparaît le disque de la planète Mercure dans ces mêmes circonstances, et cela, parce que la planète Vénus est, ainsi que je l'ai déjà dit, plus de deux fois plus large que la planète Mercure, et qu'elle se trouve aussi plus de deux fois moins éloignée de la terre, puisque, lors de ses conjonctions entre cette dernière et le soleil, la planète Vénus n'est plus qu'à neuf millions et cinq cent mille lieues de la terre, tandis que, lorsque la planète Mercure est dans la même conjonction, elle est encore à une distance de notre globe de plus de 21 millions de lieues.

Pour rendre ces sortes de choses faciles à comprendre aux gens qui n'ont aucune notion de la science astrono-

mique, je vais démontrer par une simple opération géo-
métrique (qui sera à la portée de tous ceux qui voudront
y prêter quelque attention) la manière dont on doit pro-
céder pour connaître la grosseur sous laquelle doivent
apparaitre les corps célestes à un observateur placé en
tels ou tels autres lieux. Cette démonstration sera suffisante pour qu'on puisse reconnaitre que le globe terrestre,
qui parait si gros à nos regards (parce qu'il est le corps le
plus rapproché de notre vue), pour reconnaitre, dis-je,
que ce corps cesserait d'être aperçu à l'œil nu par un
observateur placé en dehors du système solaire. Il n'y
aurait même pas besoin que l'observateur sortît totalement du système planétaire pour être assez éloigné de la
terre pour ne plus apercevoir cette dernière dans l'espace
à l'œil nu; il suffirait pour cela que cet observateur se
transportât seulement sur la planète Uranus (qui est encore bien loin d'être située aux confins du système solaire)
pour ne plus apercevoir le globe terrestre dans l'espace qu'à
l'aide d'un télescope. En voici la preuve :

Les grosseurs et les distances des corps célestes qui
font partie du système solaire étant connues, on sait que,
lorsque la planète Mercure passe sur le disque du soleil,
entre ce dernier et la planète la Terre, elle se trouve à
une distance de cette dernière de 21 millions 139 mille
lieues; et, comme le disque de la terre n'est pas tout-à-
fait trois fois aussi large que le disque de la planète Mercure, il suffirait donc que le globe terrestre fût vu de
trois fois aussi loin qu'on voit la planète Mercure pour que
la terre n'apparût que sous la même grandeur de cette
dernière. Par conséquent, il suffirait que la terre fût ob-

servée d'une distance de 64 millions de lieues pour n'apparaître à la vue simple que sous la même grandeur que celle de la planète Mercure lors de ses passages sur le disque du soleil. Ainsi cette planète n'apparaissant à la vue simple que sous la largeur de deux millimètres au plus, la planète la Terre n'offrirait pas un disque plus large si elle était vue de 64 millions de lieues seulement.

Ainsi donc, un observateur placé sur la planète Uranus (qui est à 660 millions de lieues du soleil) verrait passer la terre sur le disque de ce dernier à une distance en moyenne de 625 millions 500 mille lieues (déduction faite des 34 millions 500 mille lieues qu'il y a du soleil à la terre). Cette distance étant plus de neuf fois celle de 64 millions de lieues, distance qui est plus que suffisante pour que la terre ne soit aperçue à l'œil nu que sous une largeur de deux millimètres, il est facile de comprendre que cette largeur est trop petite pour qu'on puisse en apercevoir la neuvième partie. Ainsi, il est bien certain que le globe terrestre ne serait pas vu à l'œil nu, lors de son passage sur le disque du soleil, par un observateur placé sur la planète Uranus, quoique cette dernière planète ne soit pas située aux confins du système solaire.

MÉTHODE A EMPLOYER POUR CONNAÎTRE LES GROSSEURS ET LES DISTANCES DES CORPS CÉLESTES.

Pour mesurer les distances et les grosseurs des corps célestes, il faut comprendre, ce qui, du reste, est reconnu par la science, que, lorsqu'un observateur fixe un objet à n'importe quelle distance, il s'établit entre l'œil de l'observateur et l'objet fixé un cône plus ou moins allongé suivant la grandeur et la distance de l'objet qu'on regarde. Ce cône, qui occupe plus ou moins de place dans l'espace, en largeur ou en hauteur, suivant la position horizontale ou perpendiculaire de l'objet fixé, ce cône, dis-je, se termine à zéro à l'œil de l'observateur, et lorsqu'on interpose, à n'importe quelle distance, entre l'objet fixé et l'œil, un corps dont la grandeur suffit pour couvrir exactement le plus éloigné, cela prouve que le corps le plus rapproché de la vue est autant de fois plus petit qu'il est de fois plus près de l'œil, tout comme le corps le plus éloigné de la vue est autant de fois plus grand qu'il est de fois plus éloigné, et cela, sans qu'il y ait la moindre variation, ainsi qu'il est facile de s'en rendre compte par de simples expériences, comme par exemple : si on place un objet d'un mètre carré à un mètre de distance de sa vue, et qu'ensuite on fixe un

autre objet placé en face, à six mètres de distance, il est
certain que la place que couvrira le premier corps interposé sera de six mètres carrés; si on fixe un objet à huit
mètres de distance, la place couverte sera de huit mètres
carrés, et ainsi de suite : le corps le plus éloigné qui paraîtra sous le même parallèle que le corps le plus rapproché de la vue, le corps le plus éloigné, dis-je, sera toujours
autant de fois plus grand qu'il sera de fois plus éloigné;
tout comme le corps le plus rapproché de la vue sera toujours autant de fois plus petit qu'il sera de fois plus
rapproché. Cette règle est invariable, et c'est ce qui
prouve que, lorsqu'aux époques d'une éclipse centrale
de soleil, la lune se trouve assez rapprochée de la terre
et le soleil assez éloigné de cette dernière pour que le
disque de la lune suffise pour couvrir totalement celui du
soleil, c'est ce qui prouve que, dans cette circonstance,
le soleil est 409 fois plus éloigné de la terre que la lune,
puisque son disque est 409 fois plus large que celui de
cette dernière, et, par la même raison aussi, cela prouve
que le disque de la lune est 409 fois plus petit que celui
du soleil, puisqu'elle est 409 fois plus rapprochée de la
terre que cet astre, et que son disque n'apparaît que de
la même grandeur. Ainsi, pour connaître la grandeur d'un
corps éloigné de soi, lorsqu'on connaît sa distance, ou pour
connaître la distance de ce même corps lorsqu'on connaît sa grandeur, il suffit de faire l'opération que je viens
de démontrer.

On peut se servir de cette méthode pour mesurer la
place qu'occupe le soleil dans l'espace, étant vu de la
terre, et cela à toutes les distances, depuis le corps même

du soleil jusqu'à la terre, en connaissant la grandeur
réelle du disque du soleil. C'est par ce moyen que je me
suis rendu compte du temps que doit durer le passage de
la planète Mercure sur le disque du soleil, lorsque ce passage s'effectue bien au centre de ce dernier.

Les moyens que je viens d'enseigner s'emploient, soit
lorsqu'on connaît une des mesures de l'objet éloigné, soit
lorsqu'on connaît la distance ou la grandeur de cet objet ;
mais quand on n'a aucune connaissance ni de la distance,
ni de la grandeur du corps qu'on veut mesurer, on est
obligé de former le cône ou le triangle en sens inverse, en
se servant d'un jalon dont on peut mesurer la grandeur.
Alors on met ce jalon de niveau horizontalement ou perpendiculairement, suivant la commodité des lieux ; on
forme un triangle à partir de ce jalon à l'objet fixé, et
de manière à ce que le cône soit réduit à zéro vers l'endroit dont on veut connaître la mesure ; ensuite on fait
une règle de proportion suivant l'ouverture des angles
qu'on a près de soi au jalon qui représente le point connu.

Exemple : On place de niveau et perpendiculairement un jalon d'un mètre de hauteur, on fixe un
objet à n'importe quelle distance, en suivant une ligne
inclinée qui prend son commencement au haut du jalon et se termine à zéro vers l'objet fixé dont on veut
connaître la distance ; ensuite on mesure de combien
cette ligne inclinée s'est abaissée par une distance d'un
mètre, je suppose, et si cet abaissement se trouve d'un
millimètre seulement, vous saurez que l'objet éloigné
est à mille mètres de distance, attendu que la ligne obli-
que se portera à un mètre de distance à chaque abaisse-

ment d'un millimètre, et, comme vous saurez que le jalon a mille millimètres de hauteur, vous saurez aussi, par la même raison, que l'objet inconnu est à mille mètres de distance. C'est sans doute par ce moyen que les astronomes ont pris connaissance des premières mesures qui existent entre les corps célestes. Ils ont dû prendre le globe terrestre pour jalon, en se plaçant à des distances diamétralement opposées, et en fixant ensemble, au même instant, un même point dans le ciel pour former un triangle. Quoi qu'il en soit, ce travail a dû faire honneur à ceux qui l'ont exécuté les premiers, et si j'en fais beaucoup de cas, c'est parce que j'ai reconnu qu'il a été fait avec beaucoup de justesse, et que j'en ai vérifié la précision lors du dernier passage de la planète Mercure sur le disque du soleil, qui a eu lieu le 9 novembre 1848.

DISCOURS PRÉLIMINAIRE.

——◆◆◆——

Lorsqu'on regarde en l'air par une belle nuit , quand le temps est serein et que la lune se trouve sous l'horizon étant en conjonction avec le soleil , on voit le ciel comme une voûte azurée dans laquelle il y a une quantité innombrable de corps lumineux qui paraissent disséminés au hasard et sans ordre ; on en voit qui paraissent être plus gros et plus brillants que les autres ; on se demande si cela vient de ce qu'ils sont plus rapprochés de nos regards ou si ces corps sont réellement plus gros et d'une composition plus radieuse.

Voilà les réflexions que doivent nécessairement faire les gens qui ne connaissent pas la science astronomique , et ce sont sans doute ces réflexions qui ont engagé les premiers hommes à étudier cette science, et à se léguer successivement, de génération en génération, les traditions de leurs découvertes pour éclairer les penseurs futurs.

Après avoir donné un faible aperçu des diverses opinions qui ont été émises au sujet de la nature et de l'organisation des corps célestes (1), je vais faire part de la mienne, et mes contemporains apprécieront.

---

(1) On peut, en se procurant des livres d'astronomie, prendre plus ample connaissance des différents systèmes soutenus par les divers astronomes qui se sont succédé.

CLASSIFICATION DES CORPS CÉLESTES EN GÉNÉRAL.

Les corps célestes connus des hommes doivent être divisés en quatre classes, depuis les grandes étoiles fixes, qui doivent être de la première classe, jusqu'aux satellites des planètes, tels que la lune, satellite de la terre, les quatre satellites de la planète Jupiter, ceux de la planète Saturne, etc., etc.

Si on découvrait encore un genre de satellites qui accompagnât, dans leurs révolutions de translation autour de leurs planètes supérieures, les satellites déjà connus, comme, par exemple, si on découvrait un satellite à la lune qui accompagnât cette dernière dans sa révolution de translation autour de la terre, ce nouveau satellite serait considéré comme un corps céleste de cinquième classe; mais, jusqu'à ce jour, il n'y a que quatre classes de connues dans la nature des corps célestes.

Il est possible que les corps célestes qui ne font pas partie du système planétaire, et qui, par conséquent, sont trop éloignés des hommes pour que ces derniers puissent s'en rendre compte, il est possible, dis-je, que ces corps célestes soient divisés en plus ou moins de classes que ne le sont ceux qui font partie du système solaire. Néanmoins, quelle que soit la multiplicité de leur déclinaison,

leurs mouvements doivent s'effectuer de la même manière que les mouvements de ceux qui font partie du
système planétaire, attendu qu'ils sont tous soumis aux
mêmes lois physiques pour la gravitation universelle des
corps, et qu'ils puisent leur première impulsion à la
même source.

Il y a encore un genre de corps célestes connus sous le
nom de *comètes;* mais ces astres (qui traversent parfois le
système planétaire en décrivant des ellipses plus ou moins
allongées) ne peuvent pas former une cinquième classe de
corps célestes, car ils doivent être rangés dans la troisième catégorie comme les planètes qui font partie du système solaire, avec la différence qu'ils peuvent dépendre de
quelque système étranger au système planétaire, dont la
composition d'atmosphère aurait plus de résistance que
celle du système solaire. Ceci expliquerait pourquoi les
comètes traversent en tous sens le système planétaire
en croisant les cercles que parcourent les planètes et en
allant passer plus ou moins près du soleil.

Ces astres extraordinaires, qui partent des régions extérieures du système solaire, s'avancent presqu'en ligne
droite au centre dudit système, et viennent quelquefois
passer entre les planètes Vénus et Mercure. Il y en a qui,
parfois, passent entre cette dernière et le soleil, et je
crois même que quelques-uns, poussés par l'excentricité
de leur composition physique, sont tombés directement
sur le soleil, et y sont demeurés comme les aérolites qui
tombent et demeurent sur la terre.

Ceci expliquerait une partie de la cause pour laquelle,
parmi les comètes qui ont traversé le système solaire, il

y en a quelques-unes qu'on n'a jamais revues; mais cela ne dérogerait en rien à la cause capitale de la disparition de quelques comètes dans le système planétaire, cette cause capitale provenant de ce que les comètes doivent être parfois déposées par le système solaire dans quelque système voisin.

Les corps célestes qui composent la première classe sont : les grandes étoiles fixes, dont le nombre est incalculable. Ces grands centres de gravité (autour desquels circulent d'autres centres de différentes classes) sont disposés par groupes dans le firmament. Leur position respective ne varie jamais; car, depuis les plus anciennes traditions, qui datent de quatre mille ans au moins, on n'a signalé aucuns déplacements dans les étoiles fixes, autres que ceux qui semblent avoir lieu par suite des mouvements opérés par les corps qui les entourent; d'où je conclus que les étoiles fixes n'effectuent qu'un mouvement d'expansion qui est celui par lequel elles tendent à prendre dans l'espace le plus de place possible, suivant leur grandeur.

Il est même très-probable que ces grands astres ont un mouvement de rotation; mais ce qui est bien certain, c'est que les grandes étoiles fixes n'effectuent point de mouvements de translation, attendu que, depuis bon nombre de siècles, elles n'ont subi aucun dérangement physique vis-à-vis les unes des autres, et qu'il est bien certain qu'elle n'en subiront jamais.

Les corps célestes qui font partie de la deuxième classe sont : les étoiles de second ordre, telles que le soleil et autres étoiles de ce genre. Ces étoiles sont errantes; elles

opèrent deux sortes de mouvements : l'un sur elles-mêmes,
appelé mouvement de rotation, et l'autre autour de l'étoile
fixe dont elles sont les satellites. Ce dernier mouvement
est appelé mouvement de translation.

Les corps célestes de troisième classe sont : les corps
connus sous le nom de *planètes*, tels que la Terre,
Vénus, Jupiter, Saturne, etc., etc. Ces petits centres
de gravité opèrent, comme les étoiles de deuxième ordre,
deux mouvements : l'un sur eux-mêmes, et l'autre autour
de leur supérieur.

Les corps célestes de quatrième classe sont des corps
connus sous les noms de *lunes*, ou satellites des planètes.

Ces petits astres opèrent un mouvement de translation autour de leur planète supérieure. On prétend qu'ils
opèrent aussi un mouvement de rotation sur eux-mêmes,
mais j'en doute, car, en voyant la lune qui a toujours son
même hémisphère tourné du côté de la terre, je présume
que ce satellite ne tourne pas sur lui-même. Mon opinion
est que la lune coule sur l'océan atmosphérique de la
terre comme un bâtiment coule sur l'océan des mers, et
qu'elle a toujours son côté le plus pesant tourné vers la
terre, et l'autre côté vers le ciel; tout comme un bâtiment présente toujours ses mâts au ciel et sa quille à
la terre; tout comme aussi un ballon a toujours son côté
le plus lourd tourné vers la terre, et sa partie la plus légère dirigée vers le ciel.

PARTICULARITÉS DES CORPS CÉLESTES DE PREMIÈRE CLASSE,
APPELÉS ÉTOILES FIXES.

Les grandes étoiles fixes semblent être disséminées au
hasard parce que leur grosseur et leur éclat permettent
de les voir d'une distance incalculable. On voit les groupes
formés par ces étoiles confondus les uns avec les autres,
et on ne peut bien définir où commencent et finissent
ces groupes. Néanmoins, on peut en conclure qu'ils sont
organisés d'une manière bien stable, puisqu'on n'a reconnu aucun dérangement dans ceux que l'on peut apercevoir bien distinctement, tels que les constellations de
la Grande-Ourse et autres.

Il est certain que chaque étoile fixe placée dans le firmament occupe (par la grosseur de son corps et la puissance de son expansion) tout l'espace qu'il lui est permis
de prendre; alors ces grands astres agissent tous de même
d'après leur organisation physique. Il s'ensuit qu'ils ne
peuvent varier de la place qu'ils occupent. Chacun tend
à en prendre le plus possible, mais ils rencontrent tous
mutuellement de la résistance par l'expansion de leurs
voisins, et, comme parmi les étoiles de première classe il
doit y avoir des disproportions de grandeur, tout comme
il y en a parmi les corps célestes des classes inférieures,

il s'ensuit que les distances qui existent entre ces grands astres ne sont pas conformes, parce qu'elles sont subordonnées à l'emplacement qu'occupe chaque étoile fixe; et comme ces emplacements n'ont pas tous les mêmes étendues, il en résulte que l'on voit très-peu d'égalité de distance entre les étoiles fixes, quoiqu'elles fassent partie des mêmes groupes.

Le nombre des étoiles fixes qui existent dans le firmament est incalculable, et, en supposant qu'on parvint à préciser combien on peut en voir à l'œil nu, on ne pourrait pas savoir le nombre de celles qu'on peut découvrir à l'aide d'un télescope; et quand même on parviendrait à déterminer au juste ce nombre, il n'y a pas de raison pour ne pas admettre qu'un observateur placé sur l'étoile fixe la plus éloignée de celles qu'on peut apercevoir avec un bon télescope, n'en vit pas d'autres aussi éloignées du côté qui nous est opposé, et ainsi de suite.

Par ces motifs on peut conclure que jamais les hommes ne parviendront (quelle que soit la perfection de leurs instruments) à préciser le nombre des étoiles fixes, ni à mesurer l'étendue de l'espace. Ces objets seront toujours indéfinissables pour eux.

Il n'en sera pas de même pour acquérir les connaissances des mouvements et de la nature des corps célestes qui ne sont pas trop éloignés des hommes, attendu qu'on peut se rendre compte de cela par les calculs basés sur les mouvements qui se sont opérés depuis longtemps. A l'appui des faits que j'ai exposés relativement à la nature des étoiles fixes, j'ajouterai que mon opinion est que ces astres doivent être les seuls qui brillent d'une lumière qui leur est propre, lumière qu'ils distribuent par réflexion et réfraction aux astres des classes inférieures.

Les étoiles de 2me, 3me et 4me classes, telles que le soleil, les planètes, les comètes et les lunes, doivent être des astres dont la lumière ne leur est pas propre, attendu que ces corps sont composés de matières dures et inertes à leur enveloppe. Cette matière n'a de lumière que celle qu'elle reçoit des grandes étoiles fixes.

L'ensemble de la nature serait donc composé de deux sortes de matières bien distinctes l'une de l'autre. La première de ces deux matières serait la lumière ou le feu. Cette première matière devrait être considérée comme l'agent actif qui donne la vie et le mouvement; la seconde serait la matière inerte, qui n'a d'autre mouvement que celui qui lui est donné par la matière inflammable. Ainsi donc, le principe de vie, ou le mouvement, émanerait du feu ou de la chaleur ossasionnée par le feu, et l'inertie, ou le repos, viendrait du froid occasionné par l'absence du feu qui donne la chaleur.

Ces deux sortes de matières, très-distinctes l'une de l'autre, établiraient deux forces bien opposées l'une à l'autre, et ce serait ces deux forces qu'on trouve généralement dans toutes les matières, depuis les grands corps célestes qui voyagent dans l'espace, jusqu'aux plus petites molécules faisant partie de la terre et autres corps de ce genre.

Ces deux forces pourraient s'appeler l'expansion et la compression, et, bien qu'elles soient très-opposées l'une à l'autre, elles n'émaneraient cependant que d'une seule, qui serait l'expansion, attendu que la compression n'en serait que la conséquence ; car il suffirait que la première s'éteignît pour que la deuxième cessât d'exister.

Il est facile de se rendre compte de cela en réfléchissant que, pour qu'un corps soit comprimé par ceux qui l'avoisinent, il faut que ce corps tende à prendre un plus grand développement par son expansion, car s'il n'y avait point d'expansion la compression n'existerait pas. Comme, par exemple, si les grandes étoiles fixes cessaient de prendre de l'étendue dans l'espace par leur force d'expansion, elles cesseraient aussi de se comprimer mutuellement, et ne comprimeraient pas non plus les astres des classes inférieures qui se trouvent interposés entre elles. Alors il n'y aurait plus de compression. Ainsi on peut conclure : que tous les mouvements qui s'effectuent dans la nature entière sont produits par l'expansion de la matière inflammable, qui est le premier mobile, et que l'organisation physique de cette matière a la propriété de s'infiltrer dans toutes les autres, auxquelles elle donne la vie et le mouvement ; mais, ce qui, je crois, restera toujours inconnu de l'homme, c'est la puissance primitive qui a donné l'impulsion à la matière inflammable, représentée par les grandes étoiles fixes ; et quand même on découvrirait (ce qui me paraît impossible) l'être qui a donné cette première impulsion, il faudrait encore chercher de qui cet être tient cette puissance, et ainsi de suite (1).

Il est donc inutile de chercher à approfondir davantage

_____

(1) Ces barrières, infranchissables par l'imagination humaine, doivent faire reconnaître aux hommes la grandeur de la Divinité, qui ne permet pas que ses créatures puissent approfondir tous ses secrets.

48

d'où viennent les premières causes : il faut se contenter
d'expliquer ce qui se voit et peut se comprendre d'après
les règles établies, suivant les lois physiques de la nature
des corps, et cela à partir des grandes étoiles fixes, qui
doivent être considérées comme les premiers mobiles de
tout ce qui est à la portée des connaissances humaines.

QUELQUES DÉTAILS SUR L'EXPANSION ET LA COMPRESSION
DES MATIÈRES.

La force d'expansion agissant en tous sens, soit de bas
en haut comme de haut en bas, à droite comme à gauche,
il s'ensuit que les corps qui se dilatent prennent une forme
ronde, à moins qu'ils n'éprouvent de la résistance quelque part. Cela se voit journellement par toutes les expériences physiques et chimiques, comme, par exemple,
lorsque, par une chaleur suffisante, un volume d'eau
renfermé dans une chaudière se trouve dilaté et converti en vapeur, le développement que cette vapeur tend à
prendre s'effectue dans tous les sens; elle s'échappe par
le tube qu'on lui a préparé, et si l'expansion de la vapeur est assez forte pour faire éclater la chaudière,
faute d'issue suffisante pour l'épanchement, les éclats de
la chaudière sont lancés dans tous les sens, à droite
comme à gauche, en haut comme en bas, et ce n'est
qu'aux endroits où ils éprouvent suffisamment de la résistance qu'ils ne vont pas. Il en est de même d'une bombe
qui éclate, ou de la décharge d'une arme à feu : s'il y a
quelque obstacle qui empêche au projectile de prendre
son essor par l'ouverture du canon de l'arme, il s'ensuit
que la charge, tendant à prendre son expansion dans tous

4

les sens, elle repousse violemment la main ou l'affût qui la porte, et elle éclate par sa partie la plus faible, dessus ou dessous, à droite comme à gauche.

Ces quelques mots doivent faire comprendre qu'un corps suspendu dans l'espace, ayant à son entourage une matière d'égale flexibilité, si ce corps (par une transformation quelconque) tend à s'agrandir, il le fait en tous sens et prend une forme parfaitement ronde.

On a une preuve évidente de cela par une expérience bien simple : lancez un globule de savon dans l'espace, ce globule prend une forme bien ronde, parce que l'expansion de la matière qui le remplit agit en tous sens sur une matière d'égale flexibilité, et les molécules de l'air qui le comprime lui opposent aussi une résistance égale de toutes parts.

Dans cette expérience, qui est une des plus petites qu'on puisse faire, on rencontre l'expansion et la compression, lois immuables de la matière, par lesquelles tous les corps célestes prennent une forme ronde, soit pour leur corps même, représenté par leur partie dure, soit pour leur atmosphère, représentée par leur partie flexible. Cette forme ronde est inévitable pour tous les corps célestes, depuis les plus grands jusqu'aux plus petits, parce que, ainsi que je l'ai déjà expliqué, l'expansion de leur matière inflammable agissant dans tous les sens et contre une matière d'égale résistance, leur figure ne peut prendre qu'une forme ronde.

A l'appui de l'expérience du globule de savon j'ajouterai celle d'un ballon dans lequel on introduit des matières inflammables pour lui faire prendre du développement. Si, au lieu de confectionner le ballon avec une matière qui a de la résistance et conserve, par ce fait, la figure qu'on a voulu lui donner, on se servait d'une matière qui eût une élasticité égale de toutes parts, comme celle de l'eau de savon avec laquelle on fait un globule, il s'ensuivrait que le ballon prendrait une figure parfaitement ronde comme le globule, et il en serait de même de toutes les expériences qu'on pourrait faire à cet égard.

Ces explications doivent faire comprendre que les corps célestes ont tous une forme ronde par la seule cause de l'expansion et de la compression de la matière, et j'ajouterai que ces mêmes corps conservent mutuellement leurs distances par les mêmes causes, et que ces distances doivent être en rapport avec leur organisation physique, c'est-à-dire que plus les corps célestes possèdent de matières inflammables, plus ils se tiennent à de grandes distances les uns des autres (1).

---

(1) La matière inflammable est reconnue pour être l'agent actif qui dilate et provoque la séparation des corps.

NOUVELLES PARTICULARITÉS AU SUJET DES GRANDES ÉTOILES FIXES.

Les grandes étoiles de première classe, étant les corps célestes qui possèdent le plus de matière inflammable, puisqu'elles ne doivent être composées que de cette matière, et que ce sont elles qui doivent en distribuer aux autres corps célestes, cela expliquerait pourquoi ces grands astres lumineux retiennent à d'aussi grandes distances de leurs corps ceux qui les entourent, et ces distances seraient encore plus grandes si elles n'étaient pas bornées par la résistance mutuelle des autres astres lumineux composés de la même matière, lesquels astres, ainsi que je l'ai déjà dit, tendent mutuellement à occuper le plus de place possible dans l'espace.

Je conclus donc que l'énorme étendue de place qu'occupe dans l'espace une étoile fixe, soit par la grosseur de son corps, soit par le développement de sa force d'expansion, que cette étendue, dis-je, a une fin, étant bornée par l'étendue qu'occupent les autres étoiles de la même organisation physique. Par conséquent, les étoiles fixes et l'étendue de leur système sont des objets finis qui composent par leur ensemble un objet infini pour l'homme, puisqu'il ne peut en préciser les bornes.

Les étoiles fixes doivent avoir la forme d'un sphéroïde,

soit pour ce qui compose l'étendue de leur corps, soit pour ce qui compose l'étendue de leur système. Elles doivent mutuellement présenter à leurs voisines une face ronde, et elles doivent se comprimer les unes et les autres par l'effet seul de leur expansion.

C'est ainsi qu'elles établissent les deux forces opposées qu'on trouve dans toutes les matières, lesquelles forces sont l'expansion et la compression.

Entre les grandes étoiles de première classe, qui représentent le premier mobile, il y a les corps célestes des classes inférieures qui sont pressés de toutes parts par la matière inflammable qui compose les étoiles fixes. Ces astres, appartenant aux classes inférieures, circulent autour des grandes étoiles fixes, qu'ils tendent en vain à rejoindre.

J'ai dit que les grandes étoiles devaient être composées de matières inflammables, épurées de toutes autres espèces de matières inertes qu'elles repoussent par leur expansion, parce que ces grands astres lumineux n'ayant jamais varié de la place qu'ils occupent vis-à-vis les uns des autres, cela prouve que les étoiles fixes n'ont aucune pesanteur qui les engage à rouler autour de leurs supérieurs, sur lesquels elles tendraient à tomber, et qu'elles sont entièrement composées de cette matière qu'on nomme le feu ou la lumière, laquelle matière se trouve en plus ou moins grande quantité dans les corps célestes des classes inférieures.

Il est généralement reconnu que le feu n'a aucune pesanteur, que sa propriété est de dilater les corps par la tendance qu'il a de prendre du développement avec promptitude. Ainsi, je le répète, les grandes étoiles fixes doivent être composées de feu ou de lumière, et, par la pression continuelle de leur expansion sur la matière inerte, elles s'infiltrent dans cette matière, et lui donnent la vie. Les différentes matières qui composent les corps célestes des classes inférieures, et qui se trouvent interposées entre les étoiles fixes, ces corps, qu'on appelle les étoiles errantes, doivent être composés de matières inertes, mélangées avec des matières inflammables, fournies par les grandes étoiles, qui, ainsi que je l'ai déjà dit, s'infiltrent dans les corps célestes des classes inférieures.

En résumé, je dirai que : les lois physiques de la nature entière, quoique paraissant bien compliquées, peuvent s'expliquer et être définies en ces deux mots : expansion et compression.

L'expansion appartient aux différents corps en particulier, lesquels corps tendent individuellement à occuper le plus de place possible dans l'espace, suivant leur organisation physique, et la compression émane de l'ensemble de la matière qui tend à comprimer ou resserrer généralement les places qu'occupent les corps en particulier par leur expansion.

Ces lois sur la gravitation universelle des corps doivent être incontestables, attendu qu'elles se voient, qu'elles se touchent en tous lieux; on les rencontre dans tous les corps célestes et terrestres.

NOUVEAUX DÉTAILS SUR LES DEUX FORCES OPPOSÉES, APPELÉES

EXPANSION ET COMPRESSION.

Lorsqu'on regarde les corps célestes qui ont tous une forme ronde, on est tenté d'admettre que ces corps ont pris cette figure sphéroïdale par l'effet de l'expansion de leurs matières intérieures.

Ces matières agissant en tous sens, et tendant à faire prendre à ces corps autant de développement que possible, elles rencontrent une résistance par la compression de l'ensemble de la matière qui environne ces corps, et cette résistance est égale en tous sens.

On reconnaît à peu près les mêmes effets dans les corps terrestres qui ne rencontrent pas une résistance inégale comprimant le développement de leur expansion ; on voit que ces corps prennent tous une forme arrondie, comme, par exemple, les fruits suspendus librement par leur tige, le tronc des arbres, etc., etc., tout, dans la nature, prend une forme arrondie lorsque les objets rencontrent une compression égale en tous sens, et qu'ils n'éprouvent aucun tiraillement intérieur capable de contrarier le développement de leur expansion.

Cette loi est si vraie, qu'elle se trouve partout, jusque dans les plus petites molécules de la matière. Ainsi, le sang qui circule dans les veines des animaux de toutes espèces est formé de petits globules bien ronds lorsqu'il est en mouvement. Le vin mousseux ne tend à s'échapper du vase qui le contient que par la fermentation de petits globules parfaitement ronds, qui, par leur expansion, tendent à occuper le plus de place possible; l'eau gazeuze, la bière, etc., etc., tous ces liquides contiennent de petits globules bien ronds, parce que l'expansion qui fait prendre du développement à ces globules agit en tous sens, et cette expansion rencontre une compression qui est aussi égale en tous sens.

Ces exemples doivent faire connaître que généralement les deux forces opposées qu'on distingue dans la nature viennent de l'expansion des corps en particulier, et que la compression en est la conséquence; car si les corps en particulier n'avaient une tendance plus ou moins grande à prendre du développement par l'effet de leur expansion, ils ne rencontreraient pas de la résistance par la compression de l'ensemble de la matière.

Ce sont ces deux forces opposées l'une à l'autre qui occasionnent la jonction et la division des corps, suivant les changements qui s'opèrent dans leur organisation physique.

Par l'expansion des corps en particulier et la compression de l'ensemble de la matière (pour tous les corps en général, les grands comme les petits, les corps célestes comme les corps terrestres) on peut expliquer tous les phénomènes qui s'opèrent dans la nature, sans avoir recours à des forces supposées et imaginaires, comme on l'a fait jusqu'à ce jour, attendu qu'on peut toucher et voir

s'accomplir les phénomènes dont on veut se rendre
compte ; en un mot, on voit le mobile de la matière et
le point d'appui qui résiste à ce mouvement ; on reconnaît le mobile de la matière dans les corps en particulier
qui augmentent ou diminuent le volume de leur développement, suivant leur raréfaction ou leur condensation, et
on trouve le point d'appui qui résiste à ces différents
mouvements par l'ensemble de la matière qui comprime
tous les corps en particulier, et ne leur laisse que la
grandeur qu'ils doivent avoir d'après leur organisation
physique ; comme, par exemple, les grandes étoiles fixes,
que je considère comme les astres de première classe. Ces
grands centres de gravité sont, ainsi que je l'ai déjà dit,
des objets qui ont des bornes, soit pour l'étendue de
leur corps, soit pour l'étendue de leur système.

La place que ces astres occupent dans l'espace, chacun
en particulier, est plus ou moins grande, suivant leur
force d'expansion, et cette place est bornée par les étoiles
voisines composées de la même matière, lesquelles étoiles
tendent aussi à occuper le plus de place possible dans
l'espace, semblables à une foule bien compacte de gens,
où chaque individu tend à prendre le plus de place possible, suivant sa force physique.

Je donne cet exemple sur les plus grands astres pour
faire comprendre que cette loi physique de la matière
doit s'appliquer à tous les corps célestes et terrestres,
depuis les grandes étoiles fixes jusqu'aux plus petites molécules qui font partie du système terrestre, attendu que,
lorsque, pour renouveler cet exemple, on parlera des
objets plus à la portée de la main des hommes, il sera

encore plus facile de démontrer la justesse de cette loi, par laquelle, ainsi que je l'ai déjà dit, on a pour point d'appui l'ensemble de la matière qui comprime tous les corps célestes et terrestres, lesquels corps sont tous susceptibles de prendre du développement ou de se rétrécir suivant les diverses transformations qui s'opèrent en eux.

L'ensemble de la matière étant composé en majeure partie de fluides élastiques, elle cède devant un corps qui a reçu une impulsion quelconque; ensuite elle agit par réaction, et repousse ce corps jusqu'à ce qu'il rencontre un point d'appui, ou les régions qui lui sont assignées suivant sa densité.

Par exemple, un objet lancé verticalement de la terre par une impulsion qui lui aura été donnée, et qui l'aura poussé en dehors de la place qui lui est assignée d'après sa compacité, cet objet montera ou s'écartera de la terre (1), selon l'impulsion qu'il aura reçue; mais il rencontrera la matière atmosphérique de la terre qui le repoussera violemment jusqu'à ce que cet objet rencontre un point d'appui ou la place qu'il doit occuper d'après son organisation physique, qui constitue sa densité; et plus l'objet aura été déplacé de sa sphère, plus la réaction aura été forte.

Il en serait de même, en sens opposé, d'un objet dont la raréfaction des matières qui composent son organisation physique lui assignerait une place bien éloignée du sol de

_____

(1) La terre n'a ni dessus, ni dessous, ni bas, ni haut, attendu que c'est un globe enveloppé de matières atmosphériques qui le pressent de toutes parts.

la terre. Par exemple, un ballon gonflé de gaz hydrogène,
et qui serait retenu sur la terre par des cordages ou tout
autre lien, ce ballon, dis-je, s'élancerait dans l'espace si
on coupait les cordages qui le retenaient au sol, et il
irait occuper les régions qui lui seraient assignées d'après
la raréfaction des matières qu'il contient dans son intérieur.

Le système terrestre, composé de la terre et de son atmosphère qui l'enveloppe, sur lequel circule la lune, le
système terrestre, dis-je, se trouve comprimé en tous sens
par les matières atmosphériques du soleil, et cette compression occasionne cette pression de la part des matières
atmosphériques de la terre, qui pèsent en tous sens sur
tous les corps terrestres, et surtout lorsque ces corps ne
possèdent plus de cette matière atmosphérique dans leur
intérieur, qui sert à résister à la pression des matières
atmosphériques extérieures.

On a la preuve de cela par de simples expériences, qui
consistent à former le vide autant que possible dans un
bocal au moyen d'une machine pneumatique; alors on
voit que ce bocal est comprimé sur le sol par le poids de
l'atmosphère avec une force telle, qu'il se briserait s'il n'é-
tait pas d'une bonne composition.

En général, tous les phénomènes qui s'opèrent dans la
nature entière peuvent s'expliquer par l'expansion des
corps en particulier et la compression de l'ensemble de la
matière; car la fameuse expérience du fil-aplomb, qui a
contribué pour beaucoup à faire admettre la puissance
attractive attribuée à la terre, cette expérience s'explique
parfaitement par la pression de l'atmosphère qui enve-

loppe le globe terrestre et le comprime dans tous les sens.

Pour se rendre compte du phénomène du déviement de la ligne perpendiculaire du fil-aplomb par la pression de la matière atmosphérique, on n'a qu'à réfléchir que, lorsque au sommet d'une montagne (qui domine par sa hauteur celles des alentours) on place horizontalement une perche au bout de laquelle on attache un bout de fil supportant perpendiculairement un objet quelconque, et que cet objet n'a d'autre point d'appui que celui qui le tient lié au fil, il est bien facile à comprendre que la pression atmosphérique, agissant en tous sens sur la terre, tend à faire approcher de la montagne l'objet suspendu. Alors le fil-aplomb ne conserve plus une ligne bien perpendiculaire, parce que entre la montagne et l'objet suspendu il n'y a rien qui oppose assez de résistance à la pression atmosphérique pour empêcher cet objet de joindre la montagne.

L'expérience par laquelle on a supposé, à juste titre, que, si on pouvait percer de part en part le globe terrestre, et lancer un objet d'un poids quelconque dans l'ouverture pratiquée à la terre, cet objet ne la traverserait par totalement, et que, après avoir opéré plusieurs oscillations, l'objet lancé se fixerait au centre de la terre, cette expérience, dis-je, s'explique encore parfaitement par la résistance de la matière atmosphérique qui se trouve diamétralement opposée; cette résistance renverrait alternativement l'objet lancé dans cette espèce de puits sans fond jusqu'à ce que cet objet (ne pouvant pénétrer dans la matière atmosphérique ni d'un côté, ni de l'autre)

viendrait se fixer au centre de la terre, entre les deux
pressions de l'air, et établirait ainsi un centre de gravité qui servirait de point d'appui au corps compacte,
tout comme la Terre, le Soleil, Jupiter, Vénus, etc., etc.,
sont autant de centres de gravité qui servent de point
d'appui aux objets lancés sur leurs corps par la pression
des matières atmosphériques qui les enveloppent.

Voici encore une preuve bien évidente en faveur de la
compression :

Cette preuve consiste à mettre dans un bocal deux
objets d'une différence de densité, comme, par exemple,
une plaque de plomb et une feuille de papier ; on fait
ensuite, autant que possible, le vide dans ce bocal avec
une machine pneumatique. Après cette opération on verra
que la plaque de plomb ne descendra presque pas plus
vite au fond du bocal que la feuille de papier. Cela ne
prouve-t-il pas que c'est l'interposition du corps du bocal
entre les corps qu'on a mis dans ce vase et les matières
atmosphériques qui arrête la pression de ces dernières?
cela ne prouve-t-il pas aussi que si c'était la puissance
attractive de la terre qui fût la cause de ce que les objets
qui sont séparés du sol tendent à le rejoindre, cela ne
prouve-t-il pas, dis-je, que, s'il en était ainsi, les objets
placés dans le bocal où on aurait fait le vide tomberaient
aussi bien et mieux au fond de ce bocal, chacun avec la
vitesse due à sa pesanteur, que si on n'avait rien
changé à la nature de l'intérieur du bocal? Car, de deux
choses l'une : si c'est la pression atmosphérique qui
pousse les objets plus ou moins denses sur la terre, ce
n'est pas la puissance attractive de cette dernière qui les

attire à elle ; ou , dans le cas contraire , si ce phénomène dépendait de l'attraction de la terre , cette puissance ne serait pas diminuée par le vide formé dans un bocal, attendu que cette opération devrait , au contraire , lui donner plus de puissance.

Ce qui a fait croire que les corps en général avaient la propriété de s'attirer les uns et les autres , c'est qu'on a remarqué que les différents corps placés entre la terre et son atmosphère avaient une tendance à se joindre ou à se séparer les uns des autres , suivant leur organisation physique , et qu'ils avaient tous plus ou moins de tendance à rejoindre la terre ; alors on a dit : ce corps , qui est le plus gros , attire tous les autres corps qui l'environnent lorsqu'ils se séparent du sol ; ce doit être une règle générale pour tous les corps célestes et terrestres ; les gros corps doivent nécessairement attirer les petits.

On avait dit cela parce qu'on n'avait pas pensé à la compression de l'ensemble de la matière , qui tend à resserrer tous les corps en particulier , et que les centres de gravité , au lieu d'avoir la propriété d'attirer à eux les corps qui les entourent , ont la vertu de servir de point d'appui aux différents corps qui ont une tendance à leur tomber dessus par la pression des matières atmosphériques.

J'ose espérer que , lorsque j'aurai démontré combien le système d'attraction est insuffisant pour expliquer les vrais mouvements qui s'opèrent dans la nature , et que j'aurai prouvé combien ce système est étranger aux phénomènes qu'on lui a attribués au sujet de la précession des équinoxes , ainsi que de la rétrogradation des nœuds de la lune contre l'ordre des signes du zodiaque, j'ose espérer, dis-je, qu'on sera totalement convaincu que le système d'attraction entre les corps célestes ne peut pas exister, et que ce système paraîtra aussi absurde qu'a paru celui de Ptolémée lorsqu'on a eu compris celui de Copernic (1).

Quant au système d'attraction magnétique et électrique, je ne nie pas son existence; je sais que sur la terre il y a des corps qui ont plus ou moins d'affinité, et que cette affinité occasionne leur jonction quand on les met en présence, tout comme il y a des corps qui ont une tendance à s'éloigner les uns des autres. Ce genre d'attraction et de répulsion, qui existe pour certains corps terrestres, est loin d'être suffisant pour faire admettre un système d'attraction en général pour tous les corps terrestres et célestes, attendu que c'est l'organisation physique et particulière de certains corps terrestres qui leur donne l'apparence d'une puissance attractive, et je puis, par de simples expériences, donner cette même apparence à certains corps terrestres, qui sont bien connus pour n'avoir aucune force d'attraction.

Ces expériences seront encore des preuves de plus que tous les mouvements qui s'opèrent dans la nature entière dépendent de l'expansion des corps en particulier et de la compression de l'ensemble de la matière, qui en est la conséquence.

Il est reconnu par la science que de la substance de

(1) Le système Ptolémée exigeait que la sphère céleste (représentant toutes les étoiles qui sont dans le firmament) accomplît sa révolution diurne autour de la terre en 24 heures.

la terre émanent plusieurs sortes de matières appelées fluides, et que, parmi ces fluides, il y en a qui sont invisibles, et d'autres qu'on peut voir et même toucher. On a donné différents noms à ce genre de matière, tels que ceux de : fluide élastique ou fluide aériforme, ce qui signifie l'air atmosphérique, qui semble tenir le premier rang parmi eux. On les a aussi appelés fluides permanents ou gaz. D'autres, tels que l'eau, l'alcool, etc., etc., qui perdent facilement leur état par la pression ou le refroidissement, ont été nommés vapeurs ou fluides élastiques non permanents. Il y a ensuite bon nombre de sortes de fluides appelés fluide électrique, fluide magnétique, etc., etc. Ce genre de substances de matière (dont je n'essaierai pas de donner la description, laissant cela aux hommes spéciaux qui s'occupent exclusivement de physique et de chimie) a la propriété de s'infiltrer et de s'adapter à certains corps plus particulièrement qu'à d'autres, et, comme parmi ces fluides il y en a qui, quoique invisibles à l'œil, possèdent la vertu de décomposer les matières qui les avoisinent, il s'ensuit que les corps auxquels ils sont adaptés semblent posséder une puissance attractive envers d'autres corps, tandis que ce n'est que par l'effet de la décomposition des matières qui tenaient les corps à distance qu'on obtient la jonction de ces corps lorsqu'on les met en présence.

L'aimant est une de ces matières qui possèdent le plus de cette substance, attendu que ce minéral ferrugineux a subi l'action de l'électricité.

L'ambre jaune contient aussi un peu de cette substance qui a le pouvoir de décomposer les molécules de l'air. Le

diamant fin en possède encore davantage que l'ambre
jaune; mais, ni dans l'un, ni dans l'autre de ces deux
genres de corps il ne doit pas exister autant de cette matière (qui a la puissance de décomposer l'air) qu'il y en a
dans l'aimant, attendu que cette dernière matière a la
vertu d'attirer le fer, qui est un corps pesant, même à
travers des corps opaques, tandis que le diamant fin et
l'ambre n'ont que la propriété d'attirer à eux des corps
très-légers, tels qu'une bûche de paille et autres corps
de ce genre; encore faut-il les frotter un peu pour les
rendre propres à cette opération. L'ambre, surtout, veut
être bien frotté contre du drap pour qu'il puisse enlever
une bûche de paille ou un autre corps de ce genre.

Quoique le diamant fin et l'ambre n'aient pas la même
puissance qu'a l'aimant pour attirer à eux les corps qui
les avoisinent, il n'en est pas moins vrai que le principe
qui leur donne cette puissance est le même, et que ces
phénomènes s'accomplissent par la vertu des fluides invisibles qui existent, soit dans l'aimant, soit dans le dia-
ment fin et dans l'ambre; lesquels fluides ont, ainsi que
je l'ai déjà dit, la propriété de décomposer les molécules
de l'air, qui, par leur interposition, tiennent les corps à
distance. Alors cette interposition étant détruite, il s'ensuit que la compression de l'air, qui agit en tous sens,
fait opérer la jonction des corps mis en contact, et voici
les preuves que j'ai promis de fournir à cet égard :

On peut donner l'apparence d'une force attractive à des
objets qui n'en possèdent aucune, en faisant de bien simples expériences, comme, par exemple, en versant un
demi-verre d'eau dans une assiette; on allume ensuite un

morceau de papier qu'on tient au milieu de l'assiette, sans le mettre en contact avec l'eau, de crainte que le feu ne s'éteigne ; après cela on abouche promptement un verre sur le papier enflammé, et assez d'aplomb pour que l'air extérieur ne puisse s'introduire dans le verre. Immédiatement après cette opération on verra entrer dans le verre toute l'eau qui était dans l'assiette.

Cette expérience est à peu près connue de tous les jeunes gens qui s'amusent à faire ce qu'ils appellent des tours de physique. Néanmoins, en se rendant compte de la cause qui produit le phénomène que je viens de décrire, on voit que cette cause est la même que celle qui donne à l'aimant et au diamant une apparence de puissance attractive ; on voit que le fond du verre a pris aussi l'apparence d'une force d'attraction, et cela parce que le feu ayant brûlé et décomposé la majeure partie des molécules de l'air qui étaient dans le verre, et tenaient l'eau comprimée sur l'assiette, et que l'eau, n'éprouvant plus de résistance capable de lui empêcher de monter dans le verre, elle s'y est précipitée tout comme si le fond du verre avait possédé une puissance attractive.

On peut renouveler ce genre d'expérience de différentes manières, comme, par exemple, en appliquant un verre à ses lèvres, et aspirant l'air que contient ce verre. Par cette opération on donnera à ses lèvres, ainsi qu'au verre, l'apparence d'une puissance attractive par l'absorption de la matière qui était dans le verre, laquelle matière résistait et empêchait que le verre ne pénétrât dans vos chairs, étant poussé par la pression de la matière atmosphérique ; et cette matière, qui était dans le verre avant d'être absorbée par votre aspiration , avait aussi la propriété de comprimer vos lèvres et d'empêcher qu'elles n'entrassent dans le verre, comme elles tendent à le faire lorsque l'air est aspiré, et comme elles finiraient par y entrer totalement si vous aspiriez trop fort. Alors le verre s'imprimerait dans vos chairs de manière à les couper, et le sang qui circule dans vos lèvres jaillirait par les pores.

On voit par cette expérience fort simple que l'on peut donner l'apparence d'une puissance attractive, soit à un verre , soit à ses lèvres, et cela par le seul fait de l'absorption de la matière invisible que contient le verre.

Toutes les expériences qu'on pourrait encore faire à cet égard ne serviraient qu'à prouver davantage une chose qui doit être suffisamment comprise.

DE LA NATURE DES CORPS CÉLESTES EN GÉNÉRAL, APPARTENANT AUX CLASSES INFÉRIEURES.

Les corps célestes des classes inférieures, tels que le Soleil, les planètes, les comètes et les lunes, satellites des planètes, tous ces différents corps sont comme autant de ballons qui circulent dans l'espace; ils sont composés de matières inflammables à leur intérieur, et recouverts de matières dures à leur enveloppe. Ce doit être cette matière dure qui occasionne leurs divers mouvements, soit de rotation sur eux-mêmes, soit de translation autour de leur supérieur.

Je dis que les divers mouvements qu'opèrent ces corps dans l'espace doivent dépendre de leur matière dure, parce que c'est de cette matière qu'ils tiennent leur pesanteur, laquelle pesanteur fait qu'ils tendent à s'approcher de leurs corps supérieurs, dont ils sont les satellites, et autour desquels ils opèrent leur révolution de translation.

Les corps célestes des classes inférieures se tiennent à diverses distances de leurs supérieurs, suivant la densité de leur composition physique, et, en même temps, suivant la nature des matières atmosphériques que possèdent leursdits corps supérieurs, autour desquels ils circulent.

Les matières atmosphériques des corps supérieurs servent de point d'appui aux corps inférieurs, et résistent plus ou moins à la compression de l'ensemble de la matière.

S'il ne s'opérait aucun changement dans la composition de l'organisation physique des corps célestes des classes inférieures, ces astres resteraient toujours à la même distance de leurs corps supérieurs, qu'ils tendraient en vain à joindre. Il en est de même d'un ballon qui tend à s'approcher ou à s'éloigner de la terre, suivant sa pesanteur; tout comme aussi un corps plus ou moins compacte va sur l'eau, ou entre deux eaux, et, s'il est tout-à-fait trop lourd pour être supporté par l'eau, il va rejoindre le sol, etc., etc.

En réfléchissant un peu à la nature de la matière, on voit qu'elle est toute soumise à la même loi, et que les différents corps qui composent cette matière se tiennent tous à des distances respectives les uns des autres, suivant leur densité et la nature de la matière sur laquelle ils sont appuyés.

Comme, par exemple, les corps célestes de deuxième classe, tels que le Soleil et autres corps de ce genre. Ces astres, qui tiennent le premier rang parmi les astres des classes inférieures, ces astres, comme le soleil, dis-je, sont appuyés contre la matière atmosphérique des grandes étoiles fixes. Cette matière a une force d'expansion au-dessus de l'imagination humaine, parce que cette force d'expansion émane de la matière inflammable épurée de toutes sortes de matières dures et inertes. Il s'ensuit donc que les corps célestes de deuxième classe, comme le Soleil et autres corps de ce genre, sont tenus à des distances de leurs supérieurs qui sont incalculables, et ces distances seraient encore plus grandes si la force d'expansion des grandes étoiles fixes n'était pas bornée par la résistance de la même force d'expansion des autres étoiles fixes, qui tendent toutes à prendre le plus de place possible dans l'espace.

Ainsi donc, le soleil circule autour de l'étoile supérieure dont il est le satellite, et il emporte avec lui tout ce qui fait partie de son système : les planètes la Terre, Jupiter, Vénus, etc., etc. Les planètes que je viens de citer circulent autour du soleil, tout comme si cet astre était immobile; elles emportent également avec elles, dans leur révolution de translation, tout ce qui fait partie de leur système, comme, par exemple, la planète Jupiter emporte ses quatre satellites, comme la terre emporte la lune, etc., etc.

Les satellites des planètes (tels que la lune et autres corps célestes de ce genre) circulent également autour de leurs planètes supérieures, tout comme si ces planètes étaient immobiles; les lunes, ou satellites des planètes, emportent aussi dans leur révolution de translation tout ce qui fait partie de leur système, lequel se compose de plus ou moins de matière atmosphérique; mais on croit généralement que ces petits astres de quatrième classe ne sont accompagnés d'aucun satellite, ce qui constituerait des astres de cinquième classe. Il est même possible que les lunes ne possèdent point d'atmosphère, car on prétend que la lune de la terre n'en a pas, et je partagerais volontiers cette opinion en voyant que notre lune n'effectue point de mouvement de rotation sur elle-même, qu'elle a toujours son même hémisphère tourné du côté de la terre. La lune n'opère qu'une révolution de translation autour de la terre, laquelle révolution s'achève en vingt-quatre heures quarante-huit minutes quarante-cinq secondes, septante-huit centièmes de secondes.

PARTICULARITÉS DES ÉTOILES DE DEUXIÈME CLASSE, TELLES QUE LE SOLEIL ET AUTRES CORPS CÉLESTES DE CE GENRE.

« Le soleil et les autres corps célestes de ce genre sont de grands centres de gravité qui doivent être composés de matières inflammables à leur intérieur, et de matières dures à leur enveloppe. Ces astres ont pris une forme ronde par l'expansion des matières inflammables qu'ils renferment. Il s'échappe de ces sphéroïdes une immense atmosphère qui s'étend dans l'espace également en forme ronde, attendu que l'expansion de ces corps célestes agit en tous sens, et que la matière qui comprime cette atmosphère lui oppose une résistance qui est aussi égale en tous sens.

Par plusieurs motifs, l'atmosphère des étoiles de deuxième classe, comme notre soleil, ne peut pas avoir autant d'étendue que celle des grandes étoiles fixes, attendu que, d'une part, le soleil ne contient pas autant de matières inflammables, et que, d'autre part, cette matière inflammable étant enfermée dans une enveloppe de matière dure, sa force d'expansion est de beaucoup affaiblie. C'est pour cela que l'étendue du système solaire, quoique très-grande, est loin d'être comparable à celle que possède le système de l'étoile supérieure dont le soleil est le satellite, puisque, pour achever sa révolution de translation autour de son étoile fixe, le système solaire fait trois cent soixante-neuf mille neuf cent cinq tours sur lui-même, tout comme la terre fait trois cent soixante-cinq tours et quart pour achever sa révolution autour du soleil. Qu'on juge par là de l'étendue que doit avoir le système de l'étoile fixe autour de laquelle le soleil opère sa révolution de translation.

Il n'est même pas bien certain que le système solaire soit situé aux confins du système de son étoile supérieure. Cependant, mon opinion est que notre soleil doit être placé à l'extrémité du système de l'étoile dont il est le satellite; car, s'il en était autrement, si le soleil était situé dans le système de son supérieur, dans le même ordre qu'est placée la terre dans le système solaire, il s'ensuivrait que les habitants de la terre ne verraient pas toujours le soleil comme un astre lumineux. Il y aurait des époques de l'année (lorsque, par la position de la terre, le soleil se trouverait en conjonction entre son étoile supérieure et la terre), des époques, dis-je, où les hommes verraient l'hémisphère obscur du soleil, tout comme ils voient l'hémisphère obscur de la lune lorsqu'elle est en conjonction entre le soleil et la terre, et cela, parce que le côté éclairé du soleil se trouverait opposé à la terre.

A l'appui de ce raisonnement, il y a encore un autre fait bien puissant qui me fait présumer que le système solaire doit être placé aux confins du système de l'étoile fixe dont il est le satellite. Ce fait est que, parmi les étoiles primaires, telles que Sirius, Arcturus, Rigel, Régulus,

etc., etc., il est difficile de distinguer celle qui doit être
l'étoile supérieure à laquelle appartient le système planétaire. Je reconnais bien que le système solaire doit faire
partie d'un des systèmes de ces grandes étoiles de première classe, d'après les mouvements particuliers qu'elles
semblent avoir fait, et d'après leur supériorité sur les
autres étoiles fixes, soit en grandeur, soit en éclat; mais
je ne suis pas bien fixé sur celle à laquelle le système solaire doit appartenir comme satellite. Cependant, je crois
que le soleil fait partie du système de l'étoile Sirius, qui
est dans la constellation du Grand-Chien.

Mon opinion n'est pas bien arrêtée sur l'étoile fixe autour
de laquelle le système solaire opère sa révolution de translation, parce que entre les étoiles primaires il y a trop
peu de différence de grandeur et d'éclat, et cela me
prouve que le système planétaire est situé bien aux confins
du système d'une des étoiles fixes appelées *primaires*,
et que, étant ainsi placé, le système solaire est presque
aussi rapproché des étoiles fixes qui entourent son centre
de gravité, autour duquel il opère sa révolution de translation, que dudit centre de gravité qui doit être l'étoile
Sirius. Alors le soleil, recevant dans tous les sens les
effets de chaleur et de lumière que lui envoient les grandes
étoiles fixes qui environnent son système, il s'ensuit que
ces effets de chaleur et de lumière sont reflétés par l'é-
norme corps et l'immense atmosphère du soleil, et que
cet astre apparaît resplendissant dans tous les sens aux
yeux des habitants des planètes qui font partie de son
système.

Les rayons lumineux du soleil, combinés par réfraction

avec les matières inflammables que possèdent les planètes,
ses rayons vivifiants procurent cette chaleur qu'on éprouve
à la superficie des planètes, et qui en active la végétation.

Le système solaire, composé du soleil au centre et de
toute l'étendue de son atmosphère, dans laquelle circulent les planètes, ses satellites, l'ensemble de ce système
doit avoir, comme le système des étoiles fixes, une forme
ronde, et cette forme sphéroïdale, possédant un poids par
les matières dures du corps du soleil, ainsi que par les
corps des planètes, ses satellites, l'ensemble de ce système
planétaire, dis-je, ayant de la pesanteur, cherche un
point d'appui qu'il rencontre sur la matière atmosphérique de l'étoile supérieure dont il est le satellite, et,
comme le point d'appui que présente la matière atmosphérique de cette étoile (que j'ai provisoirement désignée
pour être l'étoile Sirius, à cause de sa position et de sa supériorité en grandeur et en éclat), cette étoile, dis-je, se
trouve également d'une forme ronde. Il s'ensuit que le
système solaire circule autour de l'étoile Sirius par la
tendance qu'il a à joindre cette étoile, et le système
planétaire achève cette révolution de translation d'orient
en occident, en faisant trois cent soixante-neuf mille
neuf cent cinq tours sur lui-même en vingt-cinq mille
huit cent vingt-cinq ans, ce qui fait un tour tous les
vingt-cinq jours et demi; tout comme la terre circule
autour du soleil par la tendance qu'elle a à joindre cet
astre, et elle achève cette révolution de translation d'occident en orient, en faisant trois cent soixante-cinq tours
et quart sur elle-même en une année, ce qui fait un tour
toutes les vingt-quatre heures.

L'ensemble du système solaire, circulant dans l'espace autour de son étoile supérieure, ne dérange en rien les mouvements qu'opèrent autour du corps du soleil les planètes, ses satellites, attendu qu'elles lui sont adhérentes et qu'elles sont dans l'intérieur de son système.

Les planètes effectuent leur mouvement de rotation sur elles-mêmes, et celui de translation autour du soleil, de la même manière que si l'ensemble du système planétaire était immobile. Ce mouvement de rotation des planètes est tout-à-fait semblable à celui que feraient des voyageurs valsant autour d'une table, dans le salon d'un bateau à vapeur descendant sur un fleuve. La table conserverait sa même position vis-à-vis des voyageurs, auxquels elle semblerait être fixe, tout comme le soleil paraît rester fixe aux yeux des habitants des planètes vis-à-vis desquelles il conserve toujours sa même position. Ainsi, pendant que l'ensemble du système solaire accomplit sa révolution de translation autour de son étoile supérieure en vingt-cinq mille huit cent vingt-cinq ans, les planètes, ses satellites, accomplissent leur révolution de translation autour du soleil en plus ou moins de temps, et cela, suivant leur densité qui leur permet de s'approcher plus ou moins du soleil par la tendance qu'elles ont toutes à le rejoindre.

PARTICULARITÉS DES CORPS CÉLESTES DE TROISIÈME CLASSE, AP-
PELÉS PLANÈTES, TELS QUE LA TERRE, VÉNUS, JUPITER, ETC. ETC.

Les corps célestes de troisième classe sont des astres
qui doivent posséder intérieurement plus ou moins de
matières inflammables. Ces corps effectuent, comme les
corps célestes de deuxième classe, deux mouvements,
dont l'un sur eux-mêmes, appelé mouvement de rotation,
et l'autre autour de leur supérieur, appelé mouvement de
translation.

Les mouvements de translation des planètes sont bien
connus, et déterminés par tous les livres d'astronomie, attendu que les retours de ces astres au même point dans le
ciel, après avoir achevé leurs révolutions de translation
autour du soleil, ont été observés depuis bien longtemps. Du reste, on ne peut se tromper à ce sujet en se servant des lois de Képler, qui démontrent et prouvent que
le carré des temps de la durée des révolutions périodiques des planètes autour du soleil sont en rapport entre
eux avec le cube de leurs distances. Quant aux mouvements de rotation des planètes, je ne m'en occuperai pas,
et je ne parlerai que de celui de la terre, attendu qu'il
est bien démontré, et, du reste, cela se voit, que l'ensemble du système terrestre effectue son mouvement de

rotation en vingt-quatre heures de temps. Je ne parlerai pas des mouvements de rotation qu'effectuent les autres planètes, attendu que les astronomes ne sont pas parfaitement d'accord sur la durée de ces mouvements. Je me bornerai donc, au sujet du mouvement de rotation des planètes, à expliquer celui de la terre, qui est connu pour être de la durée de vingt-quatre heures en moyenne.

Parmi les corps célestes de troisième classe, il y en a quelques-uns (tels que Saturne, Jupiter, la Terre, etc.) qui possèdent dans l'ensemble de leur système des satellites connus sous le nom de *lunes*, que je considère comme des astres de quatrième et dernière classe.

Ces petits astres accompagnent leurs planètes supérieures pendant leur révolution de translation autour du soleil, tout comme les planètes accompagnent le soleil pendant sa révolution de translation autour de l'étoile fixe, dont il est le satellite.

PARTICULARITÉS DES COMÈTES.

Les comètes sont des astres irréguliers qui, par l'excentricité de leur organisation physique, traversent le système solaire en tous sens, croisant les cercles que parcourent les planètes.

Les comètes doivent être des corps étrangers au système solaire, lesquels corps y auraient été déposés par quelque système voisin au système planétaire, et voici sur quoi je fonde cette hypothèse :

Les planètes qui font partie du système solaire, telles que la Terre, Mercure, Jupiter, etc., etc, exécutent leur révolution sidérale autour du soleil, et sont presque toujours aux mêmes distances de cet astre, suivant leur densité, et s'il s'effectue, à la longue, quelques changements dans leur compacité par la raréfaction ou par la condensation de leurs matières, ces planètes peuvent s'éloigner ou s'approcher un peu du soleil, mais d'une manière régulière, elles ne croiseraient pas pour cela plusieurs cercles parcourus par diverses planètes, comme font les comètes, car ces astres extraordinaires, partant des régions extérieures du système solaire, s'avancent presque en ligne droite au centre dudit système, et viennent quelquefois passer entre les planètes Vénus et Mercure.

Il y en a même qui, parfois, passent entre cette dernière et le soleil. Il est également possible que quelques-unes soient tombées sur le soleil, car, parmi les comètes qui ont traversé le système solaire, il y en a qu'on n'a jamais revues, d'autres qui se sont fixées dans le système planétaire, et d'une manière à y rester éternellement, à moins qu'il ne s'opère en elles quelques changements dans leur densité.

Pour bien faire comprendre d'où vient l'excentricité des mouvements des comètes (d'après mon système), je vais supposer qu'il soit possible d'enlever instantanément le système terrestre de la place qu'il occupe actuellement dans le système solaire, et qu'au lieu de laisser circuler paisiblement la terre autour du soleil, à une distance moyenne de cet astre de trente-quatre millions cinq cent mille lieues (distance qui est en rapport avec sa compacité), on transportât cette planète dans les régions extérieures du système planétaire, comme, par exemple, sur les cercles que parcourent les planètes Saturne ou Uranus, il est certain que la terre, placée à cette distance du soleil, ne décrirait plus autour de cet astre un cercle presque circulaire, mais une ellipse bien allongée, comme celles que décrivent les comètes, attendu que, étant poussée sur le soleil par la pression des matières atmosphériques, la terre traverserait en ligne presque droite l'atmosphère du système planétaire, pénétrerait au centre de ce dernier autant que le lui permettrait son impulsion, et irait jusqu'à ce que les matières atmosphériques du soleil lui opposassent suffisamment de résistance pour la relancer par réaction aussi loin du soleil qu'elle s'en serait appro-

chée. On voit par cette explication que le déplacement
de la terre la mettrait dans le cas de dépasser les limites
qui lui sont assignées dans le système solaire suivant sa
densité, et cela à cause de l'élan que lui donnerait son
propre poids; comme aussi, une fois trop avancée au centre
du système solaire, elle n'aurait pas assez de compacité
pour rester à cette place, et serait relancée en dehors du
cercle qu'elle doit parcourir, et ainsi de suite. Une fois
l'équilibre rompu, la terre oscillerait dans le système solaire en allant du bord au centre de ce système, et du
centre au bord, comme font les comètes, qui, ainsi que
je l'ai déjà dit, doivent être des astres étrangers au système solaire. Ces astres auraient été déposés dans le système planétaire par quelque système l'avoisinant, et les
comètes étant d'une compacité qui n'est pas en rapport
avec la résistance des matières atmosphériques qui existent aux extrémités du système planétaire, pénètrent plus
ou moins au centre de ce dernier, suivant l'élan que leur
donne leur poids, et font alternativement le voyage de
l'extérieur du système solaire au centre dudit système, et
du centre à l'extérieur. Les comètes font absolument ce
que ferait la terre, si, comme je l'ai dit, on pouvait transporter cette planète dans les régions extérieures du système planétaire.

PARTICULARITÉS DES CORPS CÉLESTES DE QUATRIÈME CLASSE, APPELÉS LUNES, OU SATELLITES DES PLANÈTES.

Les lunes effectuent une révolution de translation autour de leurs planètes supérieures, en même temps que ces dernières effectuent la leur autour du soleil, et cela de la même manière que si les planètes étaient immobiles, les lunes étant adhérentes au système des planètes, tout comme ces dernières sont adhérentes au système solaire.

D'après les astronomes qui disent les avoir vues, le système de la planète Herschel ou Uranus possède six lunes; celui de la planète Saturne en a sept, et, de plus, un anneau en dehors de la planète; le système de la planète Jupiter a quatre lunes, et celui de la terre n'en a qu'une.

Les livres d'astronomie ont bien parlé du temps que doit mettre chaque satellite des différentes planètes pour effectuer son mouvement de translation, mais, dans la crainte qu'ils aient fait erreur sur les satellites des autres planètes, comme ils ont fait erreur sur celui de la terre, qui est la lune, je passerai sous silence ce qu'ils ont dit à l'égard des lunes des autres planètes, en me bornant à démontrer comment s'effectue le mouvement de translation de la lune autour de la terre, et j'espère que, par les explications appuyées de preuves incontestables que j'en donnerai, il sera facile de reconnaître que la lune, au lieu d'opérer son mouvement de translation autour de la terre, d'occident en orient, en vingt-sept jours, sept heures, quarante-trois minutes, comme l'annoncent en général tous les livres d'astronomie, je prouverai que la lune effectue son mouvement de translation autour de la terre, d'orient en occident, et cela, en vingt-quatre heures, quarante-huit minutes, quarante-cinq secondes, septante-huit centièmes de seconde.

J'espère que cette preuve, jointe à tant d'autres qui figurent dans le courant de ce petit ouvrage, engagera les hommes compétents et amoureux de la vérité à seconder les efforts que j'ai faits pour combler l'ornière dans laquelle la roue de la science est engagée depuis bien longtemps, et cela, dans l'espoir de lui faire prendre une meilleure direction.

NOUVELLES PARTICULARITÉS DES CORPS CÉLESTES DE TROISIÈME
CLASSE , APPELÉS PLANÈTES OU SATELLITES DU SOLEIL.

Les diverses planètes qui font partie du système solaire
sont toutes plus ou moins inclinées sur l'écliptique , et , à
chaque révolution de translation que ces planètes opèrent
autour du soleil , elles reviennent deux fois sur le centre
de l'écliptique , qui est la ligne que semble suivre le soleil
autour des planètes , tandis que ce sont ces dernières qui,
par leur inclinaison sur cet astre , lui présentent alternativement leurs différents pôles à la suite de leur mouvement de translation.

Les planètes présentent alternativement au soleil leurs
différents pôles par leurs révolutions de translation autour
de cet astre , parce qu'elles circulent parallèlement autour
du soleil en ayant toujours leur axe dirigé du même côté
dans le ciel. C'est l'inclinaison des planètes sur l'écliptique
qui occasionne les changements de température et le retour des saisons sur ces astres.

Les variations de température sont plus grandes pour
les deux extrémités des planètes appelées *pôles* , que
pour leur centre , attendu que, par leur position vis-
à-vis du soleil , la ligne directe suivie par cet astre
ne s'écarte jamais de l'équateur (sur lequel elle passe

deux fois pendant la révolution de translation d'une planète), que de la valeur de l'inclinaison de ses dernières ; tandis que, pendant qu'une planète a un de ses pôles présenté au soleil, le pôle opposé à celui-là est tout à fait dans l'obscurité. C'est ce qui est cause que, sur la terre, il y a des pays qui ont six mois de jour et six mois de nuit. Ces pays, situés aux extrémités de la terre, ne peuvent pas être fréquentés par les hommes nés dans les zônes tempérées, parce qu'il y fait trop froid, les rayons directs du soleil étant toujours éloignés de ces pays (même dans leur saison d'été), à une distance de soixante-sept degrés au moins sur quatre-vingt-dix degrés qu'il y a de l'extrémité d'un pôle à l'équateur.

Pour bien faire comprendre aux personnes qui ne connaissent pas comment s'effectue le mouvement de la terre autour du soleil en une année, ce qui amène les retours des quatre saisons, soit le printemps, l'été, l'automne et l'hiver, je dirai à ces personnes de se munir d'un globe en verre, et de tracer bien au centre de ce globe une ligne qui représentera l'équateur de la terre ; les deux extrémités opposées à l'équateur représenteront les deux pôles ; ensuite je les prierai de poser ce globe sur un pied quelconque, à la hauteur d'une bougie, de manière à ce que les deux pôles soient posés perpendiculairement l'un à l'autre, et l'équateur horizontalement. Il faut faire en sorte que la bougie soit bien à la hauteur du centre du globe, sur la ligne qui représente l'équateur, afin que les deux extrémités du globe qui représentent les deux pôles reçoivent autant de lumière l'une que l'autre.

Cette opération étant terminée, on fait tourner le globe

sur lui-même pour amener les retours des jours et des nuits de chaque pays de la terre, ensuite on fait circuler parallèlement le pied sur lequel repose le globe pour représenter le mouvement de la terre autour du soleil.

Par ce mouvement, on reconnaît que si la terre était placée de cette manière, sans inclinaison sur l'écliptique, les jours seraient toujours égaux aux nuits dans tous les pays de la terre, comme aux époques des équinoxes qui

...emps et de l'automne, et il n'y
...saisons ; les rayons directs du
...ixés sur le cercle de l'équateur.
...te de la manière dont s'effectue
la mobilité de la grandeur des
...linaison du globe terrestre sur
dans le globe en verre un li-
...moitié du globe, de manière
...e juste la hauteur du cercle
...ensuite incliner le globe de
...ce qui fait un peu plus du
...a de l'équateur au pôle (dis-
uatre-vingt-dix degrés). Cette
...uide restera de niveau à la
...résente le soleil, et la ligne
...ée de vingt-trois degrés d'un
ue, tandis qu'elle sera abais-
côté opposé envers le même

nt et d'abaissement représen-
hiver et d'été, et entre ces
...deux autres qui représen-

du printemps et d'automne), les jours sont égaux
sur toute l'étendue de la terre, et lorsque le so...
sur l'un des deux points éloignés de l'équateur...
par exemple, lorsqu'au 20 ou au 21 juin le soleil
point qui est au nord de l'équateur, et qui touche...
du tropique du Cancer, alors, à cette époque, la te...
son pôle nord tourné du côté du soleil, les hab...
l'hémisphère septentrional ont les plus grands j...
ceux de l'hémisphère méridional ont les plus peti...
que, lorqu'au 21 ou au 22 décembre, le soleil a...
le point au-dessous de l'équateur, qui touche le ce...
pique du Capricorne, c'est l'inverse : la terre pr...
son pôle sud au soleil, les habitants de l'hé...
méridional ont les plus grands jours, et ceux de...
phère septentrional ont les plus petits.

C'est ainsi que, par l'inclinaison du globe terre...
l'écliptique, et en faisant circuler parallèlement...
autour du soleil, de manière à ce que les pôles dud...
terrestre soient toujours dirigés du même côté...
ciel, on voit que le soleil semble aller alternativ...
d'un tropique à un équinoxe, et d'un équinoxe à...
pique. Le passage du soleil d'un tropique à un éq...

teront les deux équinoxes du printemps et d'automne. Ces deux points sont représentés par le croisement du cercle écliptique sur le cercle de l'équateur. C'est ce qu'on appelle, en terme d'astronomie, équinoxes des planètes ou nœuds des planètes.

Lorsque le soleil arrive sur l'un de ces deux points d'intersection, soit au 20 ou 21 mars, soit au 22 ou au 23 septembre (qui sont les deux époques où commencent les saisons

x aux nuits
eil arrive
, comme,
arrive au
le cercle
erre ayant
bitants de
jours, et
ts, tandis
rrive sur
ercle tro-
ésentant
misphère
l'hémis-

estre sur
ce globe
it globe
vers le
vement
un tro-
quinoxe

représente une saison qui est le quart d'une année, et le retour du soleil d'un équinoxe au même équinoxe, ou d'un tropique au même tropique fait l'accomplissement d'une année entière, représentée par une révolution de translation de la terre autour du soleil.

Au moyen du globe en verre rempli à moitié d'un liquide, et incliné sur l'écliptique, on se représente parfaitement les passages alternatifs du soleil allant d'un tropique à un équinoxe et d'un équinoxe à un tropique. Le cercle que trace le liquide représente la ligne suivie par le soleil autour de la terre, et on voit que ce cercle coupe ou croise deux fois par an le cercle de l'équateur.

Ce sont ces coupures ou croisements qui annoncent les retours des équinoxes et qu'on appelle les nœuds de la terre.

Les anciens astronomes s'aperçurent qu'en général les points équinoxiaux des planètes avaient tous un mouvement rétrograde contre l'ordre des signes du zodiaque. Ce mouvement, qui paraissait peu sensible en quelques années, ne put leur échapper dans l'espace de quelques siècles. Alors, ils cherchèrent la cause de ce mouvement, qu'ils ont appelé la précession des équinoxes.

N'ayant pas trouvé la vraie cause de ce mouvement rétrograde des équinoxes, les astronomes ont, malheureusement pour les progrès de la science, attribué cette cause à l'attraction, et ce système ayant pris du crédit, il a fait négliger les recherches qui auraient pu se faire à cet égard, et conduire à la vérité.

C'est ainsi que la fausse interprétation qu'on a donnée à la rétrogradation des équinoxes des planètes a jeté la science astronomique dans une foule de calculs sans fin qui n'aboutissent à rien de positif; car, malgré les rares talents des hommes qui ont soutenu ce système, il n'offre que de faibles hypothèses, tandis que si les astronomes avaient eu l'idée de la vraie cause de la rétrogradation des équinoxes des planètes, ils n'auraient pas rencontré tant de difficultés pour en expliquer le sens, et seraient ainsi parvenus à donner un plus grand développement à la science astronomique.

Pour démontrer d'une manière bien positive et bien nette la vraie cause de la rétrogradation des équinoxes des planètes, je ne parlerai que de celle des équinoxes de la terre, quoique la rétrogradation des équinoxes des autres planètes faisant partie du système solaire dépendent toutes de la même cause; je ne parlerai que de la rétrogradation des équinoxes de la terre, parce qu'il n'y a que celle-là dont on puisse bien se rendre compte sans avoir recours aux instruments astronomiques.

Après avoir expliqué la vraie cause de la rétrogradation des points équinoxiaux et solsticiaux de la terre, j'expliquerai la vraie cause de la rétrogradation des nœuds de la lune, ce qui veut dire la même chose, attendu que, en terme d'astronomie, quand une planète est à son équinoxe, elle est dans son nœud. A ces époques, les planètes se trouvant dans le plan de l'écliptique, n'ont pas de latitude envers ce cercle, ni de latitude nord, ni de latitude midi. Ainsi, la rétrogradation des équinoxes des planètes signifie la même chose que la rétrogradation des nœuds des planètes.

C'est au moyen de la combinaison de la rétrograda-

tion des nœuds de la lune sur le cercle écliptique qu'on
a précisé les époques auxquelles doivent avoir lieu les
éclipses, soit de soleil, soit de lune. On est parvenu à
préciser le retour des éclipses par la connaissance des
mouvements des nœuds de la lune, par l'observation
rigoureuse de ce mouvement, de leur marche rétrograde
et de leur retour périodique vis-à-vis de la même étoile
fixe; mais non parce qu'on a compris la vraie cause de
cette rétrogradation, puisque, pour la rétrogradation des
nœuds des planètes, comme pour celle des nœuds de
de la lune, les astronomes ont attribué ces phénomènes
aux effets de l'attraction, tandis que je puis démontrer
d'une manière aussi positive que s'il s'agissait de prouver
l'évidence des retours des jours et des nuits sur la terre,
que ce n'est pas des effets de l'attraction que ces phénomènes tirent leur origine.

Pour démontrer que la rétrogradation des nœuds de la
terre dépend du système d'attraction, les astronomes ont
été obligés (d'après ce que disent tous les livres d'astronomie) d'admettre que l'axe de la terre effectue un mouvement unique d'orient en occident, par lequel il décrit
un petit cercle à chacune de ses extrémités. Ce mouvement établirait un double cône à partir du centre de la
terre, où se trouve l'écliptique, à ses deux pôles, ou extrémités.

Par ce fait, les points d'intersection où l'écliptique
coupe l'équateur seraient en mouvement sur le centre de
la terre, et ne correspondraient pas toujours avec les
mêmes signes du zodiaque; ils rétrograderaient d'un
signe à l'autre en six mille ans environ, en allant du

signe du Bélier au signe des Poissons, et ainsi de suite, jusqu'à l'accomplissement de leur révolution entière autour des douze signes du zodiaque, en vingt-cinq mille huit cent vingt-cinq ans.

Ce système est très-ingénieux et a dû coûter de grands efforts d'esprit à des hommes doués de rares talents. Ainsi, je le répète, il est très-fâcheux pour l'avancement de la science astronomique que d'aussi grands génies n'aient pas eu connaissance de la vraie cause de la précession des équinoxes, et que cette cause leur ait été voilée par un trop grand crédit accordé au système d'attraction; attendu que, s'il en avait été autrement, les divers savants qui, pendant ces deux derniers siècles de lumière, ont épuisé les trésors de leur imagination féconde à soutenir et perfectionner un système qui n'est fondé que sur des bases imaginaires, ces divers savants, dis-je, auraient employé leurs rares talents à chercher la vraie cause de ces phénomènes; et si, comme il est fort probable, ces hommes célèbres avaient découvert cette vérité, ils auraient pu donner un plus grand développement à la science astronomique.

EXPLICATION DE LA VRAIE CAUSE DE LA RÉTROGRADATION DES
NOEUDS OU ÉQUINOXES DES PLANÈTES CONTRE L'ORDRE DES
SIGNES DU ZODIAQUE.

La rétrogradation des équinoxes de la terre contre
l'ordre des signes du zodiaque, comme, par exemple, du
signe du Bélier au signe des Poissons, et ainsi de suite,
cette rétrogradation, ou, autrement dit, cette marche
opposée à celle des planètes s'explique par le seul fait de
la marche de l'ensemble du système solaire allant contre
l'ordre des signes du zodiaque, d'occident en orient.

L'ensemble du système planétaire avançant dans l'espace d'orient en occident, en sens contraire des planètes,
il s'ensuit que, lorsque la terre est revenue se placer sur
le même tropique, ou sur le même équinoxe, elle ne
trouve plus le soleil dans la même position vis-à-vis des
étoiles fixes, attendu que l'ensemble du système solaire
s'est porté en rétrogradation d'orient en occident, de la
vingt-six millième partie environ de la circonférence qu'il
a à parcourir pour achever sa révolution autour de son
étoile supérieure.

La vingt-six millième partie d'une année étant d'environ vingt minutes et vingt-deux secondes, il en résulte
que, en vingt-cinq mille huit cent vingt-cinq ans juste,

le soleil ayant achevé sa révolution de translation d'orient en occident, autour de l'étoile fixe dont il est le satellite, les équinoxes de la terre se retrouvent, à la même époque de l'année, vis-à-vis des étoiles fixes.

Voilà pourquoi l'année tropicale, ou équinoxiale, ce qui veut dire le retour de la terre d'un tropique au même tropique, ou d'un équinoxe au même équinoxe, voilà pourquoi, dis-je, cette année, qui est considérée comme l'année vraie, est moins longue que l'année sidérale de la terre, ce qui veut dire le retour de cette dernière vis-à-vis de la même étoile fixe.

Les différences qui existent entre la durée de ces deux sortes d'années sont comme ci-après :

L'année sidérale est de .... 365 j., 6 h., 9 m., 10 s.

L'année équinoxiale, ou l'an-
née vraie, est de ...... 365 j., 5 h., 48 m., 48 s.

Différence en faveur de l'année sidérale .... — — 20 m., 22 s.

Ceci s'explique clairement en pensant que, lorsque la terre a fait totalement le tour du soleil d'occident en orient, en trois cent soixante-cinq jours, cinq heures, quarante-huit minutes et quarante-huit secondes, et qu'elle est revenue sur le même équinoxe, elle a encore vingt minutes et vingt-deux secondes à parcourir pour atteindre la même étoile fixe qui a servi de point de départ, puisque, pendant ce laps de temps, l'ensemble du système solaire s'est transporté d'orient en occident de vingt minutes et vingt-deux secondes.

Toutes les rétrogradations des nœuds des planètes dépendent de la même cause, et ce qui le prouve, c'est que ces rétrogradations s'effectuent toutes d'une manière très-lente, conformément à la rétrogradation des nœuds de la terre.

Il est certain qu'un observateur, placé sur n'importe quelle planète appartenant au système solaire, verrait s'accomplir la révolution entière des nœuds de cette planète en vingt-cinq mille huit cent vingt-cinq ans; tout comme les habitants de la terre voient s'accomplir la révolution des nœuds de la terre pendant ce laps de temps; et cela, parce que les rétrogradations des nœuds de toutes les planètes faisant partie du système solaire doivent toutes dépendre de la révolution de translation de l'ensemble du système planétaire autour de son étoile supérieure.

Alors même qu'une planète (comme, par exemple, la planète Jupiter) met plus de temps que n'en met la terre pour achever sa révolution de translation d'occident en orient, autour du soleil, cela ne déroge en rien à la marche rétrograde de ses nœuds, et n'empêche pas que cette marche rétrograde ne soit conforme à celle des nœuds de la terre aux yeux d'un observateur placé sur la planète Jupiter, attendu que, s'il faut à cette dernière planète plus de temps qu'à la terre pour accomplir sa révolution de translation autour du soleil, il y a compensation en ce que l'ensemble du système solaire avance davantage dans l'espace, d'orient en occident, pendant une révolution de translation autour du soleil de la part de la planète Jupiter, qu'il ne le fait pendant une des mêmes révolutions de la part de la terre.

Je conclus de tout cela que les différences qui semblent existor dans les vitesses des rétrogradations des nœuds des planètes faisant partie du système solaire, que ces différences de vitesse, dis-je, ne viennent que des changements de position que prend alternativement la terre vis-à-vis de ces diverses planètes, attendu que la cause de ce phénomène est puisée à la même source, qui est la révolution de translation de l'ensemble du système solaire autour de son étoile supérieure. Il n'en est pas de même de la cause de la rétrogradation des nœuds de la lune, attendu que ce phénomène tire son origine de la révolution de translation de la terre autour du soleil ; c'est ce qui fait que la révolution entière de la rétrogradation des nœuds des planètes s'accomplit beaucoup plus lentement que la révolution entière de la rétrogradation des nœuds de la lune.

Je donnerai plus loin l'explication de la vraie cause de la rétrogradation des nœuds de la lune, après avoir démontré les positions qu'occupent les deux cercles que tracent sur la terre les passages du soleil et ceux de la lune.

Je suis bien certain qu'à la suite de ces diverses explications on comprendra bien que la rétrogradation des nœuds des planètes, ainsi que celle des nœuds de la lune, sont des phénomènes qui ne dépendent pas d'un fait physique, mais bien d'un fait mécanique, et que ce fait a lieu par suite du déplacement des corps vis-à-vis les uns des autres, et non par suite d'un dérangement de ces corps par les effets de l'attraction.

DÉSIGNATION DES DEUX CERCLES QUE SEMBLENT PARCOURIR SUR LA TERRE LE SOLEIL ET LA LUNE.

Il est reconnu par la science que la ligne que parcourt la lune autour de la terre, par son mouvement de translation autour de cette dernière, n'est pas la même que celle que semble parcourir le soleil; car, s'il en était ainsi, chaque fois que la lune serait en conjonction (1), il y aurait éclipse de soleil par l'interposition directe de la lune entre la terre et le soleil, et chaque fois que la lune serait en opposition (2), il y aurait éclipse de lune par l'interposition directe de la terre entre le soleil et la lune; alors, tous les quatorze et quinze jours, il y aurait une éclipse ou de soleil ou de lune; mais, comme les deux lignes suivies autour de la terre par le soleil et par la lune forment deux cercles qui ne sont pas dans le même plan, ces cercles se croisent l'un sur l'autre. Ainsi, le cercle formé par la lune fait au cercle formé par le

(1) La lune est en conjonction lorsqu'elle est au même degré de longitude du soleil; il n'est pas nécessaire que sa latitude soit la même.

(2) La lune est en opposition lorsqu'elle est à 180 degrés de longitude du soleil.

soleil ce que ce dernier fait à l'équateur de la terre : il le coupe en deux parties. Ce sont ces coupures qui établissent les nœuds ou équinoxes de la lune, et, comme le cercle formé par le passage de la lune sur la terre n'est incliné que de cinq degrés environ sur celui formé par le soleil, il s'ensuit que la lune ne s'écarte du cercle écliptique que de cinq degrés environ, et cela, alternativement du nord au midi, et du midi au nord dudit cercle.

Les astronomes ont appelé le nœud de la lune, par lequel cet astre traverse le cercle écliptique en s'avançant vers le nord, le *nœud ascendant*, et celui par lequel la lune traverse le même cercle en s'avançant vers le midi, le *nœud descendant*. Ainsi, la marche lunaire autour de la terre, combinée avec la marche apparente du soleil, établit quatre points bien opposés les uns aux autres. Ces quatre points sont : les deux nœuds ou équinoxes de la lune sur le cercle écliptique, ensuite les deux points différents, dont l'un est situé à environ cinq degrés au nord du cercle écliptique, et l'autre à cinq degrés au midi dudit cercle.

Ces quatre points ressemblent assez à ceux formés sur la terre par l'intersection du cercle écliptique et l'équateur, avec la seule différence que, par l'inclinaison de la terre sur l'écliptique, le soleil semble s'écarter de plus de vingt-trois degrés de l'équateur, soit du côté du nord, soit du côté du midi, tandis que la lune ne s'écarte que de cinq degrés environ du cercle écliptique, également des deux côtés du nord et du midi.

Cet écartement est cependant suffisant pour qu'il n'y ait pas d'éclipses ni de soleil, ni de lune, lorsque cette

7

dernière est trop éloignée de son nœud au moment de
ses conjonctions ou de ses oppositions. Il ne peut y
avoir d'éclipses que lorsque la lune est dans son nœud,
ou bien près de son nœud, lors de sa conjonction ou
de son opposition. Dans ces circonstances, si la lune est
dans son nœud, lors de sa conjonction, elle se trouve interposée entre la terre et le soleil, sur une ligne droite
tirée d'un de ces deux astres à l'autre; alors, il y a éclipse
de soleil. Dans le cas contraire, si la lune est dans son
nœud, ou près de son nœud, au moment de son opposition, c'est la terre qui est interposée entre la lune et le
soleil; alors il y a éclipse de lune.

On voit plusieurs sortes d'éclipses : les unes sont appelées éclipses totales, et les autres éclipses partielles.
Les éclipses totales ont lieu lorsque les trois astres (le
soleil, la terre et la lune) sont sur une même ligne tirée
parfaitement droite, et les éclipses partielles ont lieu
lorsque le corps interposé se trouve un peu dévié de la
ligne droite, mais pas assez pour qu'une partie de ce
corps ne se trouve pas encore directement interposé entre
les deux autres.

On voit plus souvent des éclipses totales de lune que
des éclipses totales de soleil, et cela, parce que la terre
étant plus grosse que la lune, il suffit qu'une grande
partie du corps de la terre soit interposée entre le soleil
et la lune pour que cette dernière soit totalement éclipsée,
tandis que la lune, par sa position, ne paraît jamais plus
grosse que le soleil aux regards des habitants de la terre,
et souvent elle paraît plus petite (suivant son périgée et

son apogée (1). Il s'ensuit qu'il y a rarement des éclipses totales de soleil, car il arrive parfois qu'une éclipse centrale de soleil se trouve annulaire, parce que, dans cette circonstance, la lune se trouvant apogée et le soleil périgée, le disque de la lune n'est pas suffisamment large pour couvrir totalement celui du soleil, quoique interposé bien au centre de cet astre.

Il y a d'autres circonstances, mais elles sont rares, où le soleil est totalement éclipsé par la lune : c'est lorsque, à l'époque d'une éclipse bien centrale de soleil, cet astre se trouve apogée et la lune périgée. Alors, la lune étant quatre cent neuf fois plus rapprochée de la terre que le soleil, et le disque de ce dernier étant quatre cent neuf fois plus large que le disque de la lune, ces deux astres sont vus sous le même parallèle par les habitants de la terre, et le disque de la lune suffit pour couvrir totalement celui du soleil pendant deux minutes seulement.

D'après les explications que je viens de donner, on doit connaitre la position qu'occupent sur la terre les deux cercles tracés par le passage du soleil et celui de la lune; on doit avoir vu que ces cercles sont croisés l'un sur l'autre par une inclinaison de cinq degrés environ; on a dû comprendre que les nœuds de la lune, ou équinoxes de la lune, sont les deux endroits où le cercle de cette dernière croise celui du soleil. Ainsi, chaque fois que la lune, par son mouvement de translation autour de la terre, passe alternativement sur le méridien de cette

---

(1) Périgée veut dire le plus grand rapprochement de la terre, et apogée veut dire le plus grand éloignement.

dernière, où sont ses deux points d'intersection, elle va d'un de ses nœuds à l'autre, tout comme, chaque fois que la lune opère entièrement une révolution de translation autour de la terre, elle revient sur le même équinoxe d'où elle est partie.

Si le mouvement réel de la lune n'était pas dénaturé à nos regards par les différents mouvements de la terre, il aurait été plus facile à comprendre de quel côté s'effectue ce mouvement, et on n'aurait peut-être pas fait d'aussi grandes erreurs en astronomie.

Pour faire connaître ces erreurs par des preuves irrécusables et faciles à saisir, je vais démontrer comment le mouvement de la lune autour de la terre serait vu des habitants de cette dernière dans plusieurs cas différents relatifs au mouvement de la terre, le mouvement de la lune restant toujours le même, et s'effectuant toujours, comme il le fait, d'orient en occident, en vingt-quatre heures, quarante-huit minutes, quarante-cinq secondes, septante-huit centièmes de seconde. Alors on verra que, à chaque changement des mouvements de la terre, la lune paraîtra changer de mouvement aux yeux des hommes, quoique ce mouvement soit resté le même, et, par suite de ces changements, on verra aussi pourquoi les nœuds ou équinoxes de la lune opèrent un mouvement rétrograde contre l'ordre des signes du zodiaque ; car on reconnaîtra que, dans le cas où la terre cesserait d'opérer son mouvement de translation autour du soleil, les nœuds ou équinoxes de la lune resteraient fixés dans le ciel.

Après ces explications, et pour donner la meilleure de

toutes les preuves, je démontrerai les causes des phénomènes qui existent. Je ferai cette démonstration par les
mouvements de la terre, tels qu'ils sont connus, soit de
rotation sur elle-même, soit de translation autour du soleil, et je conserverai toujours à la lune le même mouvement qui lui est propre, lequel mouvement s'effectue
autour de la terre, d'orient en occident, en vingt-quatre
heures, quarante-huit minutes, quarante-cinq secondes,
septante-huit centièmes de seconde.

Par cette dernière expérience la lune offrira aux regards
des habitants de la terre les divers mouvements qu'on lui
a faussement attribués, tels que le mouvement appelé
synodique, qui semble s'effectuer d'occident en orient,
en vingt-neuf jours, douze heures, quarante-quatre minutes, deux secondes, ainsi que le mouvement appelé
sidéral, qui semble s'effectuer du même côté, d'occident
en orient, en vingt-sept jours, sept heures, quarante-trois
minutes, quarante secondes, huit dixièmes de seconde.

Les nœuds ou équinoxes de la lune rétrograderont,
d'orient en occident, contre l'ordre des signes du zodiaque, de manière à faire totalement le tour du ciel en
dix-huit ans, deux cent quinze jours et demi, ou, plus
juste, en six mille sept cent quatre-vingt-dix jours.

EXPLICATION DES DIFFÉRENTS ASPECTS SOUS LESQUELS SE PRÉ-
SENTERAIT LA LUNE AUX REGARDS DES HABITANTS DE LA TERRE
DANS PLUSIEURS CAS DIFFÉRENTS RELATIFS AUX MOUVEMENTS
DE CETTE DERNIÈRE, DANS TOUS LES CAS LE MOUVEMENT DE LA
LUNE RESTANT TOUJOURS LE MÊME.

Pendant que la lune fait le tour de la terre, d'orient en
occident, en vingt-quatre heures, quarante-huit minutes,
quarante-cinq secondes, septante-huit centièmes de seconde, si la terre restait totalement immobile, qu'elle
n'effectuât pas de mouvement, ni de rotation sur elle-
même, ni de translation autour du soleil, lesquels deux
mouvements de la terre changent totalement à nos regards
le mouvement réel de la lune; enfin, s'il était possible
de faire cesser pour quelque temps tous les mouvements
de la terre, et que la lune continuât d'opérer autour de la
terre le mouvement de translation qui lui est propre, les
habitants de la terre verraient circuler la lune, d'orient en
occident, autour du globe terrestre, en passant alternativement d'une conjonction à une opposition, et d'une opposition à une conjonction, en douze heures, vingt-quatre
minutes, vingt-deux secondes, quatre-vingt-neuf centièmes

de seconde, ce qui ferait vingt-quatre heures, quarante-huit minutes, quarante-cinq secondes, septante-huit centièmes de seconde que la lune mettrait pour aller d'une conjonction à une autre conjonction, ou d'une opposition à une autre opposition; tout comme aussi, pendant ce laps de temps de vingt-quatre heures, quarante-huit minutes, quarante-cinq secondes, septante-huit centièmes de seconde, la lune reviendrait sur son même équinoxe, ou nœud, en traversant alternativement le cercle écliptique du midi au nord, et du nord au midi dudit cercle, toutes les douze heures, vingt-quatre minutes, vingt-deux secondes, quatre-vingt-neuf centièmes de seconde en moyenne.

Dans cette circonstance, la lune demeurant autant de temps pour revenir sur le même équinoxe que pour revenir sur la même conjonction, il s'ensuivrait que les nœuds de la lune resteraient toujours à la même distance des conjonctions et oppositions de cette dernière, et si l'époque desdites conjonctions et oppositions de la lune étaient à une distance assez éloignée de l'époque où la lune est dans ses nœuds ou équinoxes, pour qu'il n'y eût pas d'éclipse, il n'y en aurait jamais plus, ni de soleil, ni de lune, attendu que les nœuds de la lune ne se rencontreraient jamais avec une conjonction ou une opposition de cette dernière. Dans le cas contraire, si, au moment d'une conjonction ou d'une opposition de la lune, si la lune, dans ces moments, se trouvait dans son nœud, ou assez près de son nœud pour qu'il y ait éclipse, il y aurait régulièrement deux éclipses, dont l'une de soleil, l'autre de lune, toutes les vingt-quatre heures, quarante-huit minutes, quarante-cinq secondes, septante-huit centièmes de seconde. Pendant ce laps de temps, la lune nous présenterait les différentes phases qu'elle nous montre en vingt-neuf jours, douze heures, quarante-quatre minutes, deux secondes. Les nœuds de la lune, au lieu de faire le tour du ciel, d'orient en occident, en dix-huit ans, deux cent quinze jours et demi, les nœuds de la lune, dis-je, resteraient toujours à la même place dans le ciel.

Les explications que je viens de donner doivent faire comprendre quels seraient les phénomènes que présenterait la lune si elle continuait d'avoir le même mouvement qu'elle a, et si la terre était tout à fait immobile. Je vais démontrer maintenant comment la marche de la lune serait vue par les hommes, dans le cas où la terre cesserait d'avoir son mouvement de translation autour du soleil, et dans le cas où elle continuerait à faire un tour sur elle-même, d'occident en orient, en vingt-quatre heures en moyenne, comme elle le fait, tandis que la lune effectuerait toujours son même mouvement de translation d'orient en occident, autour de la terre, en vingt-quatre heures, quarante-huit minutes, quarante-cinq secondes, septante-huit centièmes de seconde.

Il résulterait de cette inégalité de mouvement que, chaque jour, la lune semblerait s'être portée d'occident en orient, de quarante-huit minutes, quarante-cinq secondes et septante-huit centièmes de seconde, par le seul fait du retard qu'elle aurait mis pour revenir vis-à-vis du soleil aussi vite que le méridien de la terre, sur lequel elle était, la veille, à la même heure.

Ces retards cumulés feraient éloigner la lune de sa

position vis-à-vis du soleil, par rapport à un pays quelconque de la terre, jusqu'à ce qu'elle aurait semblé en avoir fait le tour d'occident en orient, en vingt-neuf jours, douze heures, quarante-quatre minutes, deux secondes.

Les mêmes effets se produiraient à l'égard des nœuds de la lune, attendu qu'il lui faudrait autant de temps pour aller d'un nœud à l'autre que pour aller d'une conjonction à une opposition.

Si, au commencement de ce genre de mouvement, les nœuds de la lune se trouvaient assez éloignés des conjonctions et oppositions de cette dernière pour qu'il n'y eût pas d'éclipse, il n'y aurait jamais plus d'éclipse, ni de soleil, ni de lune, et, dans le cas contraire, si, au commencement de ce genre de mouvement, la lune se trouvait dans son nœud, ou assez près de son nœud, à l'époque d'une conjonction ou d'une opposition, pour qu'il y eût éclipse, il y aurait régulièrement deux éclipses, dont l'une de soleil et l'autre de lune, tous les vingt-neuf jours, douze heures, quarante-quatre minutes, deux secondes, parce que, je le répète, les nœuds de la lune resteraient toujours à la même distance des oppositions et conjonctions de cette dernière, puisqu'ils suivraient la même marche. Ils n'éprouveraient point de variations par le mouvement de translation de la terre autour du soleil.

D'où je conclus que, si la terre conservait seulement son mouvement de rotation en vingt-quatre heures en moyenne, et si elle n'effectuait plus son mouvement de translation autour du soleil, la lune mettrait, pour revenir dans son même nœud, vingt-neuf jours, douze heures, quarante-quatre minutes, deux secondes, abso-

lument le même temps qu'il lui faut pour revenir en
conjonction.

Maintenant, je vais supposer que la terre mette autant
de temps pour effectuer son mouvement de rotation d'occident en orient, autour du soleil, que la lune en met
pour effectuer son mouvement de translation autour de
la terre, d'orient en occident, et que, dans cette circonstance, la terre n'effectue point de mouvement de translation autour du soleil, il s'ensuivrait que la lune resterait toujours dans la même position vis-à-vis du soleil;
si elle était en conjonction, en opposition, ou en quadrature, elle y demeurerait éternellement, et si, par hasard,
au moment de cette uniformité de mouvement entre la
terre et la lune, si cette dernière se trouvait en conjonction, les habitants de la terre ne verraient jamais plus
la lune, attendu qu'elle resterait éternellement entre la
terre et le soleil, comme lorsqu'elle doit renouveler; et
si, par un plus grand hasard, il se rencontrait que la lune
fût dans son nœud et en conjonction tout à la fois au
moment de cette uniformité de mouvement, il y aurait
une éclipse centrale de soleil qui durerait éternellement.
Alors les habitants de la terre ne verraient presque plus
ni le soleil, ni la lune, attendu que cette dernière leur
cacherait une grande partie du soleil, et qu'elle aurait
son hémisphère obscur tourné du côté de la terre. Les
hommes ne verraient de la lune que sa silhouette noire,
dessinée sur le soleil.

Quelle que soit la position de la lune vis-à-vis du
soleil au moment où la terre n'aurait plus que son mouvement de rotation d'occident en orient, et où ce mou-

vement serait aussi long à s'accomplir que celui de translation de la lune autour de la terre, d'orient en occident,
dans cette circonstance la lune resterait fixée dans le
ciel, sans aucune variation, aux regards des hommes; elle
ne paraîtrait avoir aucun autre mouvement que celui qui
serait occasionné par le mouvement de translation de
l'ensemble du système planétaire, lequel mouvement
semblerait transporter la lune comme le soleil, d'orient
en occident, de la valeur de vingt minutes et vingt-deux
secondes par année, ce qui ferait vingt-cinq mille huit
cent vingt-cinq ans pour achever sa révolution entière.

Pour bien faire comprendre tous les différents mouvements que la lune peut sembler avoir par suite des changements des mouvements de la terre, je supposerai encore que la terre ne cessât pas d'avoir son mouvement de
translation autour du soleil, ni celui de rotation sur elle-
même, mais que, seulement, le mouvement de rotation
de la terre se ralentît pour demeurer aussi longtemps
pour s'accomplir d'occident en orient, que la lune met
de temps pour faire le tour de la terre d'orient en occident.

Dans cette circonstance, la lune resterait toujours à
la même place vis-à-vis du soleil ; elle resterait éternellement, ou en conjonction, ou en opposition, ou en quadrature ; elle ne varierait pas vis-à-vis du soleil, semblerait n'avoir aucun mouvement qui lui soit propre, et ferait régulièrement le tour du ciel, d'occident en orient,
en une année.

Ayant donné, je crois, assez d'exemples pour faire
comprendre comment les mouvements de la lune peuvent

sembler varier aux yeux des hommes, suivant les changements des mouvements de la terre à laquelle elle est adhérente, et sans rien changer au mouvement de la lune, qui lui est propre, je vais maintenant démontrer comment il se fait que, par les deux mouvements de la terre, dont l'un de rotation sur elle-même, qui s'effectue d'occident en orient, en vingt-quatre heures en moyenne, et l'autre de translation autour du soleil, qui s'effectue du même côté, d'occident en orient, en trois cent soixante-cinq jours, cinq heures, quarante-huit minutes, quarante-cinq secondes, je vais démontrer, dis-je, pourquoi, par suite de ces deux sortes de mouvements de la terre, la lune semble circuler autour de cette dernière d'occident en orient, en demeurant vingt-neuf jours, douze heures, quarante-quatre minutes, deux secondes, pour revenir en conjonction ; vingt-sept jours, sept heures, quarante-trois minutes, quarante secondes, huit dixièmes de seconde pour revenir en face de la même étoile fixe, et vingt-cinq jours, vingt-deux heures, quatorze minutes, cinquante-deux secondes, huit dixièmes de seconde pour revenir sur le méridien de la terre où se trouve son même nœud ou équinoxe. Mais, avant de faire cette démonstration, je vais donner un aperçu de ce qui a fait faire erreur aux astronomes, et leur a empêché de distinguer, parmi les divers mouvements que semble effectuer la lune, le mouvement qui lui est propre, déduction faite de tous les déplacements dans le ciel que lui occasionnent les divers mouvements de la terre, à laquelle elle est adhérente.

EXPLICATION DE LA CAUSE POUR LAQUELLE LE MOUVEMENT RÉEL DE
LA LUNE A ÉTÉ MAL COMPRIS, ÉTANT DÉNATURÉ A NOS REGARDS
PAR LES DIVERS MOUVEMENTS QUE LUI FAIT FAIRE LA TERRE.

Pour se rendre compte pourquoi le mouvement
réel de la lune a été mal compris, on n'a qu'à réfléchir que le corps auquel la lune est adhérente est la
terre, puisque cette dernière l'emporte dans l'espace.
Ainsi donc, le système terrestre étant en mouvement,
et se déplaçant continuellement vis-à-vis des points qui
servent de jalons dans le ciel, on ne peut pas se baser
sur les mouvements apparents de la lune vis-à-vis du
soleil, ni vis-à-vis des étoiles fixes; il faut combiner le
mouvement réel de la lune, déduction faite de tous les
mouvements de la terre, en sachant (ce qui est bien reconnu par la science, et ce qui se voit tous les jours)
qu'un corps adhérent à un autre corps qui est en mouvement, soit dans l'espace ou sur la terre, n'importe, si
le corps adhérent à celui qui l'emporte a un mouvement
qui lui soit propre, ce mouvement s'effectue de la même
manière que si le corps supérieur était immobile, comme
par exemple, les mouvements qu'effectuent les voyageurs
qui sont dans un bateau coulant sur un fleuve. Ces mou-

vements, qui sont propres aux voyageurs, s'effectuent de la même manière que si le bateau était immobile, quand bien même le bateau ferait mille lieues à la minute. Ainsi, je le répète, pour connaître le mouvement réel de la lune, celui qui lui est propre, il faut combiner le mouvement qu'effectue la lune autour de la terre, tout comme si le système terrestre était immobile ; alors, pour cela, il faut déduire de ces combinaisons tous les mouvements qui appartiennent à la terre.

Jusqu'à présent les astronomes ont désigné le mouvement réel de la lune en suivant la marche de cette dernière vis-à-vis du soleil et des étoiles fixes, sans tenir compte des mouvements que lui fait faire le système terrestre auquel la lune est adhérente.

Dans cette circonstance, les astronomes ont fait une erreur semblable à celle que ferait un observateur placé dans le salon d'un bateau à vapeur passant à grande vitesse sous un pont, en allant du nord au midi, en même temps qu'un voyageur, sur le même bateau, marcherait en sens opposé, du midi au nord, sur le tillac dudit bateau.

Si, dans cette circonstance, l'observateur placé dans le salon ne tenait pas compte du mouvement du bateau qui emporte le voyageur du nord au midi, et qu'il ne fixât que le pont sous lequel le bateau passe, et l'homme qui marche, alors il semblerait à l'observateur que le mouvement du voyageur, celui qui lui est propre, s'effectue du nord au midi (parce que le bateau l'emporterait plus vite de ce côté, vis-à-vis du pont, qu'il n'avance lui-même en sens opposé du midi au nord), tandis que le mouvement réel, celui qui serait propre au voyageur qui marcherait sur le tillac du bateau, s'effectuerait bien du midi au nord.

Cette erreur de la part de l'observateur placé dans le salon du bateau ressemblerait parfaitement à celle qu'ont faite les astronomes au sujet du mouvement réel que la lune effectue autour de la terre, parce que, ainsi que je l'ai déjà dit, ils ont observé le mouvement de la lune vis-à-vis du soleil et des étoiles fixes, et ils ont combiné ce mouvement sans tenir compte de ceux que lui fait faire le système terrestre, auquel la lune est adhérente.

DÉMONSTRATION DU MOUVEMENT RÉEL DE LA LUNE, AINSI QUE DE LA VRAIE CAUSE DE LA RÉTROGRADATION DE SES NOEUDS CONTRE L'ORDRE DES SIGNES DU ZODIAQUE.

La lune opère un mouvement de translation autour de la terre, qui s'accomplit d'orient en occident en vingt-quatre heures, quarante-huit minutes, quarante-cinq secondes, septante-huit centièmes de seconde.

Ce mouvement est dénaturé à nos regards par les divers mouvements qu'effectue la terre (1), soit son mouvement de rotation sur elle-même, soit son mouvement de translation autour du soleil.

Ces divers mouvements ont la propriété de déplacer continuellement la lune dans le ciel aux regards des habitants de la terre. Ce sont ces déplacements qui ont fait imaginer aux hommes que la lune avait un tout autre mouvement que celui qu'elle a réellement, et par lequel elle fait le tour de la terre d'orient en occident, en suivant toujours la même ligne sur la terre.

---

(1) La terre a toujours son axe dirigé du même côté dans le ciel. Cela est démontré par la science, et cela se voit en ce que le pôle septentrional de la terre fait toujours face au nord, et le pôle méridional au midi.

La ligne que parcourt la lune sur la terre ne s'écarte guère de la ligne suivie par le soleil que de cinq degrés environ au nord, et d'autant au midi.

Le cercle que parcourt la lune sur la terre croise le cercle écliptique, qui est celui que semble parcourir le soleil.

Les points d'intersection entre le cercle que parcourt la lune et le cercle écliptique ne varient jamais sur la terre, pas plus que les points d'intersection entre le cercle écliptique et l'équateur.

Le cercle écliptique croise l'équateur sur le méridien de la terre, qui passe par l'île de Fer et l'île Plaisante. Les coupures de ces deux cercles ont lieu, l'une à vingt degrés ouest de longitude du méridien de Paris, et l'autre à cent soixante degrés est du même méridien (1).

En examinant bien la composition physique de la su-

_____

(1) Dans l'intérêt de la sûreté de la navigation, les nations de toute la terre devraient s'entendre pour prendre ce méridien pour régulateur universel, ou point de départ des longitudes, attendu qu'il est le seul qui marque sur l'équateur le zéro parfait, soit en latitude, soit en longitude. La propriété qu'a ce méridien le mettrait dans le cas d'aplanir les rivalités de quelques puissances qui pourraient réclamer pour avoir le point de départ des longitudes dans leurs capitales.

La question étant tranchée en faveur du méridien qui touche le bord occidental de l'Afrique, qui passe par l'île de Fer et l'île Plaisante, cela mettrait toutes les puissances d'accord sur ce point, et les navigateurs auraient l'espoir de voir disparaître les difficultés qu'ils éprouvent souvent par la confusion des points de départ des longitudes, lesquelles difficultés sont quelquefois capables de les faire naufrager, faute de pouvoir reconnaître parfaitement sur quel point du globe ils se trouvent.

8

perficie de la terre , je pourrais peut-être préciser quel est
le méridien de la terre sur lequel ont lieu les points d'intersection du cercle que parcourt la lune sur la terre avec
le cercle écliptique; mais, dans la crainte de faire erreur,
je laisserai cette étude et me bornerai à n'expliquer que
les choses dont je suis bien certain.

Je dirai donc qu'il est bien sûr que la lune ne s'écarte
jamais du cercle qu'elle parcourt sur la terre, et qu'elle
croise toujours le cercle écliptique sur le même méridien
de la terre, tout comme l'écliptique croise toujours l'équateur aux mêmes endroits.

Je dis que je suis sûr de l'immobilité sur la terre de ces
différents points d'intersection, parce que le cercle que
semble parcourir le soleil autour de la terre, et celui que
parcourt réellement la lune, sont dans des plans obligés
par la composition physique du globe terrestre. Ainsi, jusqu'à ce qu'il s'opère de grands changements à la superficie
de la terre par quelques convulsions intérieures, comme
notre planète peut déjà en avoir subi (1), ou par la dégradation des continents, occasionnée par le frottement des eaux,
il est certain que le cercle écliptique , ainsi que le cercle
que parcourt la lune sur la terre, il est certain, dis-je, que
ces deux cercles seront toujours dans les mêmes plans sur
la terre, comme ils le sont depuis bien longtemps, et
leurs points d'intersection , soit du cercle écliptique sur
l'équateur, soit du cercle de la lune sur l'écliptique, ces
croisements, dis-je, s'effectueront toujours aux mêmes

---

(1) Les convulsions intérieures de la terre peuvent déplacer les
montagnes, fermer quelques détroits et en pratiquer d'autres.

endroits sur la terre. Ainsi, le méridien de la terre, sur lequel l'écliptique coupe l'équateur, est connu pour être celui qui passe à vingt degrés de longitude ouest du méridien de Paris, et à cent soixante degrés de longitude *est* du même méridien. Il ne s'agit plus que de chercher sur quel méridien de la terre le cercle que parcourt la lune coupe l'écliptique; mais, ainsi que je l'ai déjà dit, je laisserai ces recherches aux penseurs futurs, parce qu'elles ne me sont d'aucune utilité pour démontrer la vraie cause de la rétrogradation des nœuds de la lune contre l'ordre des signes du zodiaque, ainsi que le mouvement réel de la lune, celui qui lui est propre.

Je crois qu'un observateur placé bien au centre de l'hémisphère de la lune, qui est opposé à celui qui fait face à la terre, je crois, dis-je, que cet observateur ne verrait jamais la terre, parce que la lune ne doit pas tourner sur elle-même; elle doit toujours avoir un hémisphère dirigé du côté de la terre, et l'autre du côté opposé. Mais une chose dont je suis bien convaincu, c'est qu'un observateur placé dans l'hémisphère de la lune qui fait face à la terre, verrait circuler la lune autour de la terre d'orient en occident, allant d'un signe du zodiaque à un autre en deux heures et quelques minutes, et accomplissant sa révolution de translation en vingt-quatre heures, quarante-huit minutes, quarante-cinq secondes, septante-huit centièmes de seconde.

Il semblerait à l'observateur que c'est la terre qui accomplit cette révolution de translation, tout comme il semble aux habitants de la terre que c'est le soleil qui accomplit une révolution de translation, d'occident en orient,

autour de la terre, en une année, en passant d'un signe
du zodiaque à un autre, tous les mois.

Ce qu'il y a de bien positif et d'irrécusable, c'est que
l'observateur placé ainsi dans la lune verrait s'effectuer
une révolution de translation, d'orient en occident, entre
la terre et la lune, laquelle révolution s'achèverait en
vingt-quatre heures, quarante-huit minutes, quarante-cinq
secondes, septante-huit centièmes de seconde, et il est encore bien vrai que, lors même que l'observateur verrait
circuler la lune, d'orient en occident, autour de la terre,
il est encore bien vrai, dis-je, que, s'il était possible à
cet observateur de distinguer les méridiens de la terre,
il verrait que, à mesure que la lune circule autour de
cette dernière, d'orient en occident, elle traverse les méridiens de la terre en sens contraire, d'occident en orient,
et cela parce que, pendant que la lune (par son mouvement qui lui est propre) circule autour de la terre d'o-
rient en occident, la terre tourne un peu plus vite sur
elle-même, en sens opposé, d'occident en orient.

Comme il est impossible d'envoyer un exprès sur la
lune pour se rendre matériellement compte de cette vérité, je vais tâcher de la faire comprendre par les moyens
qui sont en mon pouvoir, en expliquant les divers déplacements dans le ciel qu'occasionnent à la lune les différents mouvements de la terre.

Il est démontré par la science, et cela se voit, que
l'axe de la terre est toujours dirigé du même côté dans le
ciel, que le pôle septentrional de la terre fait toujours
face au nord, et son pôle méridional toujours face au
midi.

Cette fixité de l'axe de la terre dans le ciel est donc la cause que, à mesure que la terre fait le tour du soleil d'occident en orient, par son mouvement de translation autour de cet astre, il s'établit une variation entre le soleil, le centre de la terre et les méridiens de cette dernière. Cela est facile à concevoir en réfléchissant que, par suite de son mouvement de translation autour du soleil, la terre présente alternativement ses différents pôles à cet astre.

Ainsi, je suppose que, un jour quelconque, à midi, le soleil, le méridien de la terre sur lequel a lieu l'équinoxe ou nœud de la lune, et le centre de la terre, je suppose, dis-je, que, un jour, à midi, ces trois objets soient sur une même ligne bien droite tirée du soleil au centre de la terre, le lendemain, à la même heure, la terre s'étant avancée parallèlement de la valeur d'un degré environ d'occident en orient, le soleil, le méridien de la terre, où a lieu le nœud de la lune, et le centre de la terre, ne seront plus sur la même ligne parfaitement droite tirée du centre de la terre au soleil. Le méridien où a lieu le nœud de la lune se sera transporté d'occident en orient, de la valeur d'un degré environ, et si on tirait une ligne droite du centre de la terre au soleil, cette ligne passerait par le méridien qui est presque à un degré *est* du méridien où s'effectue le nœud de la lune, et ainsi de suite, à mesure que la terre avancera autour du soleil, d'occident en orient, la ligne droite tirée du soleil au centre de la terre se portera à l'orient du méridien où est l'équinoxe de la lune, d'environ un degré par jour.

Ce transport, d'occident en orient, autour du soleil,

de presque un degré par jour, qu'effectuent les méridiens de la terre vis-à-vis du centre de cette dernière, ce transport, dis-je, ne déroge en rien à celui qui s'effectue du même côté vis-à-vis du soleil, par le centre de la terre.

Pour expliquer ce nouveau transport d'occident en orient, de la part du centre de la terre vis-à-vis du soleil, je supposerai encore que, un jour quelconque, à midi, une étoile fixe, le soleil et le centre de la terre, je supposerai, dis-je, que ces trois objets soient tous sur une même ligne bien droite, tirée du centre de la terre à ladite étoile fixe.

Le lendemain, à la même heure, la terre s'étant avancée, d'occident en orient, de la valeur d'environ un degré, la ligne droite tirée du centre de la terre, passant par le soleil, n'aboutira plus au même point dans le ciel que la veille. Cette ligne aboutira à un degré environ à l'orient de l'étoile fixe, qui, la veille, correspondait avec cette ligne, et ainsi de suite, à mesure que la terre circulera d'occident en orient autour du soleil, la ligne droite tirée du centre de la terre et passant par le soleil, cette ligne se portera à l'orient de ladite étoile fixe d'environ un degré par jour.

On voit par ces explications que, par le seul fait du mouvement de translation de la terre autour du soleil, d'occident en orient, le méridien où a lieu l'équinoxe de la lune, ainsi que tous les autres méridiens de la terre, ces méridiens, dis-je, se transportent d'environ un degré par jour, d'occident en orient, vis-à-vis du centre de la terre, et ce dernier, d'autant vis-à-vis du soleil.

Si ces deux sortes de transports d'occident en orient

s'effectuaient sur une ligne droite, ils seraient juste de
la même étendue l'un que l'autre, puisqu'ils résultent
tous deux d'un même fait; mais il existe une différence
dans la longueur de ces deux transports, et en voici la
raison :

Le centre de la terre circule autour du soleil d'occident
en orient, sur une ligne presque droite (puisque la circonférence du cercle que parcourt la terre autour du soleil est de deux cent quinze millions de lieues), tandis que
ce qui occasionne un transport en sus d'occident en
orient, de la part des méridiens de la terre vis-à-vis du
centre de cette dernière, ce nouveau transport s'effectue
sur une ligne plus cintrée, puisque cette ligne est en rapport avec la rondeur de la terre. Ainsi, on comprendra
facilement que les méridiens de la terre étant portés en
orient sur une ligne plus cintrée, ils pénètrent moins
avant dans l'espace que si ce transport s'effectuait sur une
ligne plus droite.

J'ai tiré une règle de proportion en ligne droite pour
connaître au juste la valeur de ces deux sortes de transports, et j'ai trouvé que, en dix jours, les méridiens de la
terre se transportaient d'occident en orient, vis-à-vis du
centre de cette dernière, de la valeur de sept degrés et
nonante-deux millièmes de degré, et j'ai trouvé aussi que
le centre de la terre se transportait d'occident en orient,
vis-à-vis du soleil, de la valeur de neuf degrés et huit
cent cinquante-six millièmes de degré.

Connaissant par degrés la grandeur du déplacement des
méridiens de la terre vis-à-vis du centre de cette dernière,
ainsi que la grandeur du déplacement du centre de la

terre vis-à-vis du soleil , il m'a fallu savoir combien ces différents déplacements occasionnaient d'avancement en orient en vingt-quatre heures , soit aux méridiens de la terre vis-à-vis du centre de cette dernière, soit au centre de la terre vis-à-vis du soleil.

Pour avoir plus de diviseurs , j'ai converti en secondes les vingt-quatre heures en moyenne que la terre met pour achever son mouvement de rotation. Ces vingt-quatre heures ont produit quatre-vingt-six mille quatre cents secondes. Ainsi , la terre mettant en moyenne quatre-vingt-six mille quatre cents secondes pour effectuer son mouvement de rotation d'occident en orient, la voûte céleste étant divisée en trois cent soixante degrés , cela fait deux cent quarante secondes qu'il faut à un méridien quelconque pour parcourir un degré d'occident en orient, dans l'espace, par le mouvement de rotation de la terre. Alors, les méridiens de la terre se transportant, d'occident en orient, à sept degrés, quatre-vingt-douze millièmes de degrés en dix jours, cela fait la valeur de mille sept cent deux secondes , qui , divisées par dix, produisent cent septante secondes , deux dixièmes de seconde. Ainsi, les méridiens de la terre sont transportés, d'occident en orient, vis-à-vis du centre de cette dernière, de la valeur de cent septante secondes, deux dixièmes de seconde par vingt-quatre heures, et cela, par le seul fait du mouvement de translation de la terre autour du soleil.

Le centre de la terre se transportant, par le même fait, d'occident en orient, de la valeur de neuf degrés et huit cent cinquante-six millièmes de degré en dix jours, cela fait deux mille trois cent soixante-cinq secondes, qui ,

divisées par dix, produisent deux cent trente-six secondes,
cinq dixièmes de seconde par jour. Ainsi, par la même
raison, le centre de la terre est transporté, d'occident en
orient, vis-à-vis du soleil, de la valeur de deux cent
trente-six secondes, cinq dixièmes de seconde par jour.

D'où je conclus que, par le seul fait du mouvement
de translation de la terre autour du soleil, les méridiens
de la terre sont transportés, d'occident en orient, vis-à-
vis du centre de la terre, de la valeur de cent septante
secondes, deux dixièmes de seconde, en vingt-quatre
heures; et, pendant ce même laps de temps, le centre de
la terre est transporté du même côté, vis-à-vis du soleil, de la valeur de deux cent trente-six secondes, cinq
dixièmes de seconde.

Il s'agit de voir maintenant de combien de secondes la
lune semble se transporter également, d'occident en orient,
vis-à-vis des méridiens de la terre et vis-à-vis du soleil,
par le seul fait du mouvement de rotation de la terre, qui
s'effectue plus vite d'occident en orient que la lune n'o-
père son mouvement de translation en sens contraire,
d'orient en occident.

Pour avoir cette solution, je supposerai encore que, un
jour quelconque, à midi, la lune soit en conjonction (1)
en face d'un méridien de la terre, n'importe lequel; mais
pour rendre mes explications plus faciles à saisir, j'a-
dopterai le méridien de Paris. Ainsi, je supposerai que,
un jour, à midi, le soleil, la lune et le méridien de

_____

(1) On sait que lorsque la lune est en conjonction, elle est interposée entre la terre et le soleil.

Paris soient tous trois sur une ligne droite tirée du méridien de Paris au soleil. Le lendemain, à la même heure, le méridien de Paris sera revenu en face du soleil, par suite de l'accomplissement total du mouvement de rotation de la terre d'occident en orient. Quant à la lune, elle aura pris son essor d'orient en occident, autour de la terre, par son mouvement qui lui est propre ; elle aura, en vingt-quatre heures de temps, traversé l'océan Atlantique, l'Amérique, le Grand-Océan et une grande partie de l'Ancien-Continent ; mais, comme pour revenir en face du même méridien de la terre, il faut à la lune vingt-quatre heures, quarante-huit minutes, quarante-cinq secondes, septante-huit centièmes de seconde, il s'ensuivra que, le lendemain du jour où le méridien de Paris, la lune et le soleil étaient sur une ligne droite tirée du méridien de Paris au soleil, le lendemain, dis-je, à la même heure et à la même minute, le méridien de Paris sera revenu bien en face du soleil ; mais la lune ne sera plus en conjonction, étant restée en retard de quarante-huit minutes, quarante-cinq secondes, septante-huit centièmes de seconde ; elle semblera s'être transportée en orient de tout ce laps de temps. Le surlendemain, les choses se passeront encore de la même manière : le méridien de Paris sera encore revenu se placer en face du soleil en vingt-quatre heures ; la lune aura doublé son retard, et, ainsi de suite, tous les jours, la lune semblera s'être transportée d'occident en orient, vis-à-vis du soleil, ainsi que du méridien de Paris, de la valeur de quarante-huit minutes, quarante-cinq secondes, septante-huit centièmes de seconde ; ce qui fait deux mille neuf cent vingt-cinq secondes, septante-huit centièmes de seconde, et, par ce seul fait, la lune passera alternativement de sa conjonction en quadrature, de sa quadrature à son opposition, de son opposition encore en quadrature, et, au bout de vingt-neuf jours, douze heures, quarante-quatre minutes, deux secondes, elle reviendra en conjonction, et ainsi de suite.

Le mouvement apparent que la lune semble avoir autour de la terre d'occident en orient, et par lequel elle demeure vingt-neuf jours, douze heures, quarante-quatre minutes, deux secondes, cette apparence de mouvement ne dépend (ainsi que je viens de le démontrer) absolument que de l'inégalité de vitesse entre le mouvement de rotation de la terre qui s'effectue d'occident en orient, et le mouvement de translation de la lune, qui s'effectue autour de la terre d'orient en occident.

On ne peut pas chercher ailleurs cette cause, car il suffit qu'il existe une inégalité entre l'accomplissement du mouvement de rotation de la terre vis-à-vis du soleil, et celui de translation de la lune autour de la terre, pour que cette inégalité de temps prenne l'apparence du mouvement réel de la lune, quel que soit le côté où l'inégalité ait lieu. Ainsi, les habitants de la terre ne peuvent pas nier l'évidence de la réalité du mouvement de la terre d'occident en orient, vis-à-vis du soleil, en vingt-quatre heures, puisque c'est de ce mouvement que résultent les retours des jours et des nuits. Il leur est donc bien facile de distinguer le mouvement réel qu'effectue la lune autour de la terre, celui qui lui est propre, puisqu'ils voient s'accomplir autour de la terre ce mouve-

ment de la lune d'orient en occident, en vingt-quatre
heures, quarante-huit minutes, quarante-cinq secondes,
septante-huit centièmes de seconde, et de la même manière que si la terre était immobile.

Ces explications devant être suffisantes pour faire
comprendre pourquoi la lune a l'apparence d'avancer
d'occident en orient autour de la terre, en demeurant
vingt-neuf jours, douze heures, quarante-quatre minutes,
deux secondes pour aller d'une conjonction à une autre
conjonction, ou d'une opposition à une autre, je vais démontrer les causes pour lesquelles la lune semble aussi
avoir ce même mouvement d'occident en orient autour de
la terre, et demeure vingt-sept jours, sept heures, quarante-trois minutes, quarante secondes, huit dixièmes
de seconde pour revenir en face de la même étoile fixe.

La cause que je viens d'expliquer au sujet des retours
de la lune en conjonction ou en opposition, en vingt-
neuf jours, douze heures, quarante-quatre minutes, deux
secondes, cette cause ne dépend que de l'inégalité de
durée entre le mouvement de rotation de la terre et
celui de translation de la lune, attendu que, en quelque
lieu que la terre soit vis-à-vis du soleil par suite de son
mouvement de translation autour de cet astre, la terre
n'en est pas moins toujours en face du soleil.

Il n'en est pas de même au sujet de la cause du mouvement apparent de la lune autour de la terre, par lequel mouvement la lune revient en face de la même
étoile fixe aux regards des hommes, en vingt-sept jours,
sept heures, quarante-trois minutes, quarante secondes,
huit dixièmes de seconde, attendu que la cause de cette

apparence de mouvement dépend des déplacements de la lune dans le ciel, occasionnés, soit par le mouvement de rotation de la terre, soit par le mouvement de translation de cette dernière autour du soleil. Ainsi donc, pour démontrer clairement d'où vient l'apparence du mouvement de la lune autour de la terre d'occident en orient, et par laquelle apparence de mouvement la lune revient en face de la même étoile fixe aux regards des hommes, en vingt-sept jours, sept heures, quarante-trois minutes, quarante secondes, huit dixièmes de seconde, je supposerai encore que, un jour quelconque, à midi, une étoile fixe, le soleil, la lune, et le centre de la terre, je supposerai, dis-je, que les quatre objets dont je viens de parler soient, un jour, à midi, sur une ligne droite tirée de l'étoile fixe au centre de la terre. Le lendemain, à la même heure, la lune aura semblé s'être transportée d'occident en orient de la valeur de deux mille neuf cent vingt-cinq secondes, septante-huit centièmes de seconde, par l'inégalité de son mouvement de translation autour de la terre avec celui de rotation de cette dernière. Indépendamment de cela, le centre de la terre se sera transporté, d'occident en orient, vis-à-vis du soleil, de la valeur de deux cent trente-six secondes, cinq dixièmes de seconde, par le mouvement de translation de la terre vis-à-vis du soleil. Ces deux nombres réunis feront que la lune semblera s'être transportée, d'occident en orient, vis-à-vis de la même étoile fixe, de la valeur de trois mille cent soixante-deux secondes, vingt-huit centièmes de seconde en un jour.

En renouvelant ce chiffre vingt-sept fois, trois cent vingt-deux millièmes de fois, on obtient les quatre-vingt-six mille quatre cents secondes qu'il faut à la terre pour achever son mouvement de rotation; et comme vingt-sept jours, trois cent vingt-deux millièmes de jour font vingt-sept jours, sept heures, quarante-trois minutes, quarante secondes, huit dixièmes de seconde, on voit que, de ces deux faits réunis (le mouvement de rotation et le mouvement de translation de la terre) dépendent les retours de la lune vis-à-vis de la même étoile fixe en vingt-sept jours, sept heures, quarante-trois minutes, quarante secondes, huit dixièmes de seconde.

Maintenant je vais démontrer la cause pour laquelle la lune revient sur le même méridien de la terre aux regards des hommes en vingt-cinq jours, vingt-deux heures, quatorze minutes, cinquante-deux secondes, huit dixièmes de seconde.

Cette cause est absolument la même que celle que je viens d'expliquer au sujet des retours de la lune vis-à-vis de la même étoile fixe. Elle tire son origine des divers déplacements de la lune dans le ciel, occasionnés par les différents mouvements de la terre, soit de rotation sur elle-même, soit de translation autour du soleil. La seule différence qui existe entre la cause des retours de la lune sur le même méridien de la terre, et celle des retours de la lune vis-à-vis de la même étoile fixe, c'es que la première de ces deux causes tient son origine de deux sortes de transport de la lune, d'occident en orient, ainsi que je l'ai déjà démontré page 121, tandis que la deuxième n'émane que d'un seul de ces deux transports.

Ainsi donc, pour expliquer la cause pour laquelle la
lune met vingt-cinq jours, vingt-deux heures, quatorze
minutes, cinquante-deux secondes, huit dixièmes de
seconde pour revenir sur le même méridien de la terre
aux regards des hommes, je supposerai encore que, un
jour quelconque, à midi, au méridien de la terre sur lequel a lieu le nœud ascendant de la lune, je supposerai,
dis-je, que, ce jour, une étoile fixe, le soleil, la lune, le
méridien de la terre sur lequel a lieu le nœud ascendant
de la lune, et le centre de la terre, tous les objets dont
je viens de parler soient sur une ligne droite tirée du centre
de la terre à l'étoile fixe, passant directement par le méridien de la terre où a lieu le nœud ascendant de la lune,
par le centre de cette dernière, par celui du soleil, et
aboutissant à une étoile fixe (1). Le lendemain, à la
même heure, la lune aura semblé s'être transportée,
d'occident en orient, de la valeur de deux mille neuf
cent vingt-cinq secondes, septante-huit centièmes de
seconde, par le fait déjà connu de l'inégalité de son
mouvement de translation autour de la terre, avec celui
de rotation de cette dernière, ci. . . 2,925 sec. 78 c^{es}.

Plus, de la valeur de deux cent trente-
six secondes, cinq dixièmes de seconde,
par le fait également connu du mouvement de translation du centre de la

---

(1) Dans ces circonstances, il y a éclipse centrale de soleil visible
pour les habitants des pays de la terre situés aux environs du méridien, où a lieu le nœud ascendant de la lune.

terre autour du soleil. . . . .   236 — 50 —

Plus, de la valeur de cent septante
secondes, deux dixièmes de seconde,
par le fait également connu de la différence du transport d'occident en
orient, qui existe en un jour entre le
centre de la terre et les méridiens de
cette dernière. . . . .   170 — 20 —

Total. . . . . 3,332 sec. 48 c^es.

Ces différents nombres réunis prouvent que, le lendemain et à la même heure du jour où une étoile fixe, le
soleil, la lune, le méridien de la terre, sur lequel a
lieu le nœud ascendant de la lune, et le centre de la
terre, le lendemain, dis-je, où tous ces objets étaient sur
une ligne droite tirée du centre de la terre à une étoile
fixe, la lune se sera transportée, d'occident en orient,
vis-à-vis du méridien de la terre, sur lequel a lieu son
nœud ascendant, de la valeur de trois mille trois cent
trente-deux secondes, quarante-huit centièmes de seconde; le surlendemain d'autant, et ainsi de suite, en
renouvelant ce chiffre vingt-cinq fois et neuf cent vingt-
sept millièmes de fois, ce qui fait vingt-cinq jours, neuf
cent vingt-sept millièmes de jour, j'ai obtenu les quatre-
vingt-six mille quatre cents secondes, qui font les vingt-
quatre heures que met la terre pour achever son mouvement de rotation; alors j'ai vu que, en vingt-cinq jours,
neuf cent vingt-sept millièmes de jour, ou, en d'autres
termes, j'ai vu que, en vingt-cinq jours, vingt-deux
heures, quatorze minutes, cinquante-deux secondes, huit

dixièmes de seconde, la lune revient sur le même méridien de la terre (1), ce qui la ramène dans son même
nœud, soit dans son nœud ascendant, soit dans son
nœud descendant, puisque les équinoxes de la lune ont
toujours lieu sur le même méridien de la terre.

Pour être bien compris à cet égard, même par les gens
qui ne pratiquent pas la science astronomique, je dirai de
nouveau que, par le seul fait de l'inégalité de durée entre
le mouvement de translation de la lune autour de la terre
et le mouvement de rotation de cette dernière, la lune
revient en conjonction au bout de vingt-neuf jours, douze
heures, quarante-quatre minutes, deux secondes, et cela,
par une raison bien simple : c'est que, pendant ce laps
de temps, la terre fait un tour de plus sur elle-même,
d'occident en orient, que la lune ne fait de fois le tour de
la terre d'orient en occident.

Maintenant il est facile de concevoir que le mouvement
de translation de la terre autour du soleil augmentant
les retards que la lune éprouve en vingt-quatre heures
pour revenir sur les mêmes méridiens de la terre, il s'ensuit que plus ces retards sont grands moins il les faut
nombreux pour que la lune fasse totalement le tour de la
terre, et revienne, du côté opposé, sur les mêmes points
de cette dernière.

Voilà ce qui fait que la lune demeure vingt-neuf jours,
douze heures, quarante-quatre minutes, deux secondes
pour revenir en conjonction, et qu'elle ne demeure que
vingt-sept jours, sept heures, quarante-trois minutes,

---

(1) Les mots effacés pages 126 et 127 étaient de trop.

9

terre, et l'accomplissement de cette même révolution par rapport aux étoiles fixes.

Ainsi, en lisant le livre publié d'après les leçons d'astronomie données par M. Arago, on ne peut pas savoir si les six mille sept cent quatre-vingt-huit jours, cinquante-quatre centièmes de jour qui y sont désignés au sujet de la durée d'une révolution des nœuds de la lune, on ne peut pas savoir, dis-je, si cette durée de temps est par par rapport aux équinoxes de la terre, ou par rapport aux étoiles fixes, puisqu'il n'en est pas question; mais, dans tous les cas, la durée des révolutions des nœuds de la lune, fixée dans le livre représentant les leçons d'astronomie données par M. Arago, cette durée est moins longue que celle qui est écrite dans l'*Abrégé d'Astronomie* de M. de Lalande; alors on peut conclure de cela que, en ce moment, le mouvement rétrograde des nœuds de la lune contre l'ordre des signes du zodiaque est un peu plus accéléré qu'autrefois.

Mon opinion est que la durée de six mille sept cent quatre-vingt-huit jours, cinquante-quatre centièmes de jour, indiquée par M. Arago pour la révolution entière des nœuds de la lune contre l'ordre des signes du zodiaque, je crois que cette durée de temps est par rapport aux étoiles fixes. J'ai cette opinion, parce que M. Arago, comme ses prédécesseurs, ne connaissant pas quelle est la vraie cause de la rétrogradation des nœuds de la lune contre l'ordre des signes du zodiaque, M. Arago, dis-je, aura observé la durée de ces révolutions par rapport aux étoiles fixes seulement.

Ainsi donc, M. Arago aurait annoncé que les nœuds

de la lune ne mettaient que six mille sept cent quatre-
vingt-huit jours, cinquante-quatre centièmes de jour pour
accomplir leur révolution rétrograde par rapport aux
étoiles fixes, tandis que, à l'époque des observations qui
ont donné lieu aux écrits de M. de Lalande, la révolution
des nœuds de la lune contre l'ordre des signes du zodiaque,
par rapport aux étoiles fixes, ne s'accomplissait qu'en six
mille huit cent trois jours, deux heures, cinquante-cinq
minutes, dix-huit secondes, quatre dixièmes de seconde,
ce qui fait six mille huit cent trois jours, douze centièmes
de jour.

Si, comme on doit le croire, M. Arago n'a pas fait erreur
dans ses observations, la rétrogradation des nœuds de la
lune contre l'ordre des signes du zodiaque s'effectue un
peu plus vite aujourd'hui qu'autrefois, cette différence
serait d'environ quinze jours par dix-neuf années. Cela
prouverait que le globe terrestre a un peu diminué de son
inclinaison sur l'écliptique; et cette diminution d'inclinaison aurait légèrement changé la position que prennent
les méridiens de la terre vis-à-vis du centre de cette dernière, par suite du mouvement de translation de la terre
autour du soleil.

Cette diminution d'inclinaison du globe terrestre sur
l'écliptique serait trop peu sensible pour qu'elle fût facilement appréciable sur la variation de la grandeur des
jours et des nuits, ainsi que de la température; cependant,
en y faisant bien attention, il est possible qu'on s'aperçoive
d'une légère différence dans l'inégalité des jours, ainsi
que dans la variation du froid et de la chaleur; mais cela
ne changerait rien à la régularité des retours des saisons,

. J'ai calculé que cette étendue porte à la valeur d'un degré, trois cent septante-quatre millièmes de degré la rétrogradation en occident du nœud ascendant de la lune contre l'ordre des signes du zodiaque, en vingt-cinq jours, vingt-deux heures, quatorze minutes, cinquante-deux secondes, huit dixièmes de seconde, et ainsi de suite, à chaque retour de la lune dans son même nœud ascendant, la ligne droite tirée du centre de la terre à un point dans le ciel, passant par le méridien de la terre où a lieu le nœud ascendant de la lune, et par le centre de cette dernière, cette ligne droite aboutira toujours de plus en plus à l'occident de l'étoile Régulus, jusqu'à ce qu'elle ait fait totalement le tour du ciel en dix-huit ans, deux cent quinze jours et demi, ou, plus juste, en six mille sept cent nonante jours.

Pour connaître le temps que les nœuds de la lune doivent mettre pour achever leurs révolutions rétrogrades contre l'ordre des signes du zodiaque, j'ai dit :

Les nœuds de la lune rétrogradent d'un degré, trois cent septante-quatre millièmes de degré en vingt-cinq jours, vingt-deux heures, quatorze minutes, cinquante-deux secondes, huit dixièmes de seconde. Combien leur faudra-t-il de temps pour rétrograder de trois cent soixante degrés dont se compose la circonférence de la voûte céleste? Et j'ai trouvé qu'il leur fallait dix-huit ans, deux cent quinze jours et demi, ou six mille sept cent nonante jours.

Il paraît que la rétrogradation des nœuds de la lune contre l'ordre des signes du zodiaque n'a pas toujours été de la même vitesse, ou que cette marche rétrograde n'a pas toujours été observée de la même manière; car les

astronomes de différentes époques ne sont pas d'accord
sur ce point.

En 1775, M. de Lalande disait, dans son *Abrégé d'Astronomie*, page 255, que les nœuds de la lune faisaient
une révolution entière contre l'ordre des signes du zodiaque en six mille huit cent trois jours, deux heures, cinquante-cinq minutes, dix-huit secondes, quatre dixièmes
de seconde par rapport aux étoiles fixes, et en six mille
sept cent nonante-huit jours, quatre heures, cinquante-deux minutes, cinquante-deux secondes, trois dixièmes
de seconde par rapport aux équinoxes de la terre. Cela
faisait quatre jours, vingt-deux heures, deux minutes,
vingt-six secondes, un dixième de seconde que les nœuds
de la lune mettaient de plus pour accomplir leurs révolutions par rapport aux étoiles fixes que par rapport aux
équinoxes de la terre.

Depuis lors, d'autres astronomes, à différentes époques,
ont donné un peu moins de durée à l'accomplissement de
cette révolution ; car il existe un livre publié d'après les
leçons d'astronomie professées à l'Observatoire royal de
Paris par M. Arago. La quatrième édition de ce livre, imprimée en 1846, annonce, à sa 515ᵉ page, que la rétrogradation entière des nœuds de la lune contre l'ordre des
signes du zodiaque s'accomplit en six mille sept cent quatre-vingt-huit jours, cinquante-quatre centièmes de jour.

Dans ce livre, qui est un ouvrage recueilli par un des
élèves de M. Arago, il n'est pas question (comme dans
l'*Abrégé d'Astronomie* de M. de Lalande) d'une différence de durée entre l'accomplissement de la révolution
des nœuds de la lune par rapport aux équinoxes de la

quarante scondes, huit dixièmes de seconde pour revenir en face de la même étoile fixe aux regards des hommes, et vingt-cinq jours, vingt-deux heures, quatorze minutes, cinquante-deux secondes, huit dixièmes de seconde pour revenir réellement sur les mêmes méridiens de la terre.

La lune demeurant vingt-sept jours, sept heures, quarante-trois minutes, quarante secondes, huit dixièmes de seconde pour revenir en face de la même étoile fixe aux regards des hommes, et ne demeurant que vingt-cinq jours, vingt-deux heures, quatorze minutes, cinquante-deux secondes, huit dixièmes de seconde pour revenir réellement sur les mêmes méridiens de la terre (ce qui la ramène nécessairement dans son même nœud), il s'ensuit que la lune arrive dans son même nœud un jour, neuf heures, vingt-huit minutes, quarante-huit secondes avant d'être en face de la même étoile fixe, où elle ferme le cercle qu'elle décrit autour de la terre aux regards des habitants de cette dernière.

Par conséquent, tous les vingt-cinq jours, vingt-deux heures, quatorze minutes, cinquante-deux secondes, huit dixièmes de seconde, la lune, croisant le cercle écliptique un jour, neuf heures, vingt-huit minutes, quarante-huit secondes avant d'être en face de la même étoile fixe, où elle ferme son cercle, cela démontre clairement la vraie cause de la rétrogradation des nœuds de la lune contre l'ordre des signes du zodiaque. Il ne reste aucune part à faire au système d'attraction pour la solution de ce phénomène, et en voici la preuve irrécusable :

Je suppose que, un jour quelconque, une étoile fixe,

appelée Régulus (qui est dans le signe du Lion) (1), la
lune, le méridien de la terre sur lequel a lieu le nœud
ascendant de la lune, et le centre de la terre, je suppose, dis-je, que, un jour quelconque, à midi, ces quatre
objets soient tous sur une ligne droite tirée du centre
de la terre à ladite étoile Régulus, passant directement
par le méridien de la terre, sur lequel a lieu l'équinoxe
de la lune, par le centre de cette dernière, et aboutissant
à l'étoile Régulus. Ce jour-là, à midi, la lune sera dans
son nœud ascendant et en face de l'étoile Régulus.

Vingt-cinq jours, vingt-deux heures, quatorze minutes,
cinquante-deux secondes, huit dixièmes de seconde plus
tard, la lune sera revenue sur le méridien de la terre,
où a lieu son nœud ascendant, et il lui faudra encore
un jour, neuf heures, vingt-huit minutes, quarante-
huit secondes pour arriver en face de l'étoile Régulus.
Alors, si on tirait une ligne droite du centre de la terre
à la lune, passant par le méridien de la terre où a lieu le
nœud ascendant de la lune, cette ligne droite n'abouti-
rait plus à l'étoile Régulus, elle correspondrait dans le
ciel avec un point à l'occident de ladite étoile, et ce point
serait à une longitude occidentale de l'étoile Régulus
de l'étendue que parcourt la terre d'occident en orient,
par son mouvement de translation autour du soleil, en un
jour, neuf heures, vingt-huit minutes, quarante-huit secondes.

---

(1) Je choisis l'étoile Régulus parce que c'est une étoile de première
classe bien visible à l'œil nu, et aussi parce que cette étoile, touchant le
cercle écliptique, est bien propice pour marquer les degrés en longitude.

ni aux époques de l'augmentation et de la diminution des jours; cela ne ferait qu'établir un peu moins de contraste pour les pays de la terre situés en latitude de l'équateur. Ce contraste serait moins grand, soit pour la variation des jours, soit pour la variation de la température.

Ainsi, la France (qui est un pays situé en latitude de l'équateur) aurait de plus petits jours qu'autrefois au mois de juin, à l'époque du solstice d'été, et il y aurait compensation en ce que, en France, les jours seraient plus grands qu'autrefois au mois de décembre, à l'époque du solstice d'hiver.

Il en serait de même pour la température, qui serait moins variée qu'autrefois. Il y aurait en France de moins grandes chaleurs en saison d'été, et de moins grands froids en saison d'hiver.

Cette diminution de contraste pour les pays de la terre situés en latitude de l'équateur n'empêcherait pas que, aux mois de mars et de septembre, aux époques des équinoxes, les jours seraient toujours égaux aux nuits pour tous les pays de la terre, et la température toujours la même qu'autrefois.

Ce qui a pu faire diminuer l'inclinaison du globe terrestre sur l'écliptique doit être la dégradation de quelques continents. Cette dégradation aurait eu lieu par suite du frottement des eaux qui circulent autour de la terre par la pression de la lune, laquelle pression agissant des deux côtés de la terre diamétralement opposés (1), refoule les

---

(1) La lune applanit la sphéroïdité des mers par sa pression, et, en même temps, des deux côtés de la terre diamétralement opposés, parce

eaux des mers d'orient en occident, et établit ainsi un courant qui serait continuel s'il n'était entravé par les continents de la terre, lesquels continents changent ces courants en flux et reflux par les barrages qu'ils leur opposent.

Ceci explique la cause pour laquelle toutes les petites mers, dont les détroits sont à l'orient d'un continent, ont toutes des flux et reflux, et pourquoi toutes celles qui sont à l'occident d'un continent n'en n'ont pas, comme, par exemple, la mer Méditerranée, dont le détroit est à l'occident de l'Ancien-Continent. Cette mer (quoique beaucoup plus grande que la mer Rouge) n'a pas de flux et reflux, et le golfe d'Arabie ou mer Rouge en a. Je suis certain que si on pouvait faire une tranchée assez vaste à l'Isthme de Suez pour faire circuler dans la mer Méditerranée les eaux de la mer des Indes, qui sont poussées

---

que lorsque la lune est sur un point du globe terrestre (qu'elle tend en vain à rejoindre par son poids), elle pousse le système terrestre contre les matières atmosphériques du système solaire qui lui opposent de la résistance. Alors le système terrestre étant ainsi placé entre deux pressions opposées, la sphéroïdité des mers de la terre est alternativement applanie à mesure qu'elle passe sous ces pressions, et cela des deux côtés de la terre à la fois.

Le système terrestre étant continuellement pressé des deux côtés opposés par la lune et par les matières atmosphériques du soleil, le système terrestre, dis-je, imite un cylindre flexible qui tournerait entre deux pressions. La sphéroïdité de ce cylindre s'applanirait un peu à mesure qu'elle passerait entre les deux pressions, et cette sphéroïdité se relèverait lorsqu'elle aurait passé.

C'est absolument ce que font les mers lorsque les continents leur barrent le passage et les empêchent de circuler, d'orient en occident, autour du globe terrestre.

cercle de la lune sur l'écliptique (lorsque la lune est dans
son nœud ascendant et qu'elle passe du midi au nord du
cercle écliptique), mon opinion est, dis-je, que le croisement de ce cercle a lieu au même endroit sur la terre
que le croisement du cercle écliptique sur l'équateur.

J'ai cette opinion parce que le lieu sur la terre où
aboutiraient ensemble les deux points d'intersection du
cercle écliptique et du cercle que parcourt la lune autour
de la terre, ce lieu, par sa position, me paraîtrait propice à la réunion de la ligne que parcourt la lune autour
de la terre avec celle que semble parcourir le soleil.

Je ne donne cette idée que comme une hypothèse offrant
de grandes probabilités. Mais une chose dont je suis bien
certain, c'est que la déviation de la lune sur le cercle
écliptique vient de la conformation de l'Afrique, qui oblige
la lune à se porter au nord de l'écliptique sur la mer
Méditerranée. Et une chose qu'il n'est pas permis de ré-
voquer en doute, parce qu'elle peut matériellement se
prouver, c'est que, lorsque la lune correspond au nord
du cercle écliptique sur la terre, elle correspond également au nord du cercle écliptique tracé dans le ciel. Je
suis bien sûr de cela parce que le second de ces deux
faits n'est que la conséquence du premier.

Ceci explique pourquoi la lune traverse alternativement
du nord au midi et du midi au nord le cercle écliptique
tracé dans le firmament, puisqu'il suffit pour cela que
la lune croise ledit cercle écliptique qui est tracé sur la
terre.

On voit par cette simple explication, qui est incontes-
blement l'expression de la vérité, puisqu'elle résulte de

preuves matérielles, on voit, dis-je, qu'il n'est pas nécessaire de faire intervenir des systèmes imaginaires, tels que
ceux de l'attraction, de la projection, et autres mystères
de ce genre, pour donner la solution de ce phénomène.

140

dis-je, que les explications que j'ai données à cet égard doivent avoir déchiré une grande partie de ce voile, et, dans le cas où il en resterait quelques lambeaux, j'espère les faire disparaître par quelques explications que j'ai encore à donner sur la cause de la rétrogradation des nœuds des planètes, ainsi que des nœuds de la lune, contre l'ordre des signes du zodiaque.

Je suis certain que ces dernières explications seront suffisantes pour dissiper le peu de nuages qui pourraient encore obscurcir la vérité, car elles prouveront la coïncidence qui existe entre les diverses causes que j'ai énumérées, soit pour démontrer la rétrogradation des nœuds des planètes, soit pour démontrer la rétrogradation des nœuds de la lune.

La démonstration qui me reste à faire, c'est la cause pour laquelle la révolution des nœuds de la lune contre l'ordre des signes du zodiaque met plus de temps à s'accomplir par rapport aux étoiles fixes que par rapport aux équinoxes de la terre; mais avant de faire cette démonstration, et pour ne rien laisser à désirer, je vais donner une preuve matérielle au sujet de ce que j'ai

---

pour lesquelles les flux et reflux sont plus sensibles dans certaines mers que dans d'autres.

Connaissant le mouvement réel de la lune autour de la terre et les endroits par où elle passe, sans jamais dévier de sa route habituelle, on pourra suivre sa marche et combiner par avance, mieux qu'on ne l'a fait jusqu'à ce jour, les courants et les flux et reflux que la lune doit occasionner en tels ou tels autres pays, et à la minute.

Ces connaissances seront d'un grand secours pour les voyageurs sur mer.

avancé page 114, lorsque j'ai dit qu'il est bien certain que la lune ne s'écarte jamais du cercle qu'elle parcourt sur la terre, et qu'elle croise toujours le cercle écliptique sur le même méridien de la terre.

La preuve que je vais donner à cet égard pourra se vérifier en tout temps, même par les gens qui n'ont aucune connaissance en astronomie, car elle n'exige pas d'études spéciales.

Pour se rendre compte de ce fait, on n'a besoin que d'avoir un globe ou une carte céleste sur lequel est tracé le cercle écliptique. Cette carte représentant les principales étoiles qui sont au firmament, on peut vérifier si la lune est au nord ou au midi de l'écliptique, en voyant contre quelle étoile elle se trouve en tel ou tel autre temps, et, moi, je donne pour certain que chaque fois que, à midi, en France, la lune sera en face du méridien de la terre, qui passe sur l'Italie et touche la Sicile, je dis que, dans ces circonstances, la lune a croisé le cercle écliptique par son nœud ascendant, et qu'elle correspond dans le firmament avec les étoiles situées au nord de l'écliptique. Je dis cela parce que j'en suis bien sûr et parce que je l'ai vérifié ainsi que chacun peut le faire (1).

Je ne suis pas bien fixé sur le lieu de la terre où se trouve la lune quand elle est dans son nœud ascendant. Cependant mon opinion est que le point d'intersection du

de Venise

_____

(1) Il est présumable que les flux et reflux du golfe sont plus sensibles lorsque la lune est au nord de l'écliptique que lorsqu'elle est au midi dudit cercle, et cela, parce que, lorsque la lune est au nord de l'écliptique, la pression lunaire agit davantage sur la mer Méditerranée.

dans la mer Rouge par la pression lunaire, je suis certain, dis-je, que la mer Rouge n'aurait plus de flux et
reflux, ou que, du moins, les flux et reflux de la mer
Rouge deviendraient bien moins sensibles ; je suis également bien sûr que, si on pouvait pratiquer une assez
grande ouverture à l'Isthme de Panama, qui lie les deux
Amériques, la pression lunaire refoulerait les eaux de
l'Océan-Atlantique, et les ferait entrer dans le Grand-
Océan. Alors, les flux et reflux des eaux de l'Océan-Atlantique deviendraient bien moins forts.

Il est présumable que, si on pouvait pratiquer des ouvertures assez vastes aux deux grands continents pour
livrer suffisamment passage aux courants des mers, occasionnés par la pression de la lune, il est présumable,
dis-je, que les flux et reflux des grandes mers cesseraient
totalement d'avoir lieu (1). Il n'y aurait plus de flux et
de reflux que pour les petites mers situées dans l'intérieur des continents, et attenantes à de grandes mers,
comme, par exemple, les flux et reflux du golfe de
Venise. Cette petite mer étant dans l'intérieur du Continent, ses flux et reflux auraient toujours lieu malgré les
grandes ouvertures faites aux deux grands continents,
parce que les flux et reflux que possède la mer Adriatique lui viennent de ce que le détroit de cette mer se
trouve à l'orient, et que les eaux de la Méditerranée,
poussées dans la mer Adriatique par la pression lunaire,

(1) Les flux et reflux des grandes mers seraient remplacés par un
courant continuel, qui s'effectuerait, d'orient en occident, du même
côté que la lune circule autour de la terre.

n'ont pas d'issue à l'occident de cette mer. Elles se rentournent vers l'orient lorsque la pression lunaire a cessé.

La pression lunaire agissant en même temps des deux côtés de la terre diamétralement opposés, elle se fait sentir deux fois en vingt-quatre heures, quarante-huit minutes, quarante-cinq secondes, septante-huit centièmes de seconde.

C'est ce qui fait que les marées de toutes les mers retardent de quarante-huit minutes, quarante-cinq secondes, septante-huit centièmes de seconde.

Il est inutile que je continue ces explications, car elles seraient toujours les mêmes. La vraie cause des flux et reflux des mers doit être suffisamment comprise, et, dans le cas où il resterait encore quelques doutes sur la vraie cause de ces phénomènes, ainsi que de bon nombre d'autres, ces doutes disparaîtront entièrement lorsque le voile tenu sur la vérité (par le crédit accordé au système d'attraction pour maintenir l'équilibre des distances des corps célestes) aura totalement disparu (1).

Je crois que les explications que j'ai données au sujet de la vraie cause de la précession des équinoxes, ainsi que de la rétrogradation des nœuds de la lune, je crois,

_____

(1) Lorsqu'on aura totalement abandonné le système imaginaire d'attraction, et adopté mon système expliqué par l'expansion des corps en particulier et la compression en général par l'ensemble de la matière, lorsqu'on aura étudié et accepté ce dernier système qui est celui par lequel on peut donner la solution des nombreux phénomènes qui jusqu'à présent n'avaient été que très-imparfaitement compris, on pourra matériellement se rendre compte de toutes les particularités des flux et reflux des mers, on connaîtra facilement les causes

EXPLICATION DE LA CAUSE POUR LAQUELLE LA RÉVOLUTION DES
NOEUDS DE LA LUNE CONTRE L'ORDRE DES SIGNES DU ZODIAQUE
MET PLUS DE TEMPS POUR S'ACCOMPLIR PAR RAPPORT AUX ÉTOILES
FIXES QUE PAR RAPPORT AUX ÉQUINOXES DE LA TERRE.

Pour démontrer cette cause d'une manière bien pré-
cise , je dirai que les combinaisons par lesquelles j'ai
trouvé que la révolution de la rétrogradation des nœuds
de la lune s'effectuait en six mille sept cent quatre-vingt-
dix jours sont basées sur une inclinaison du globe terrestre sur l'écliptique de vingt-trois degrés , vingt huit
minutes (1). Je dirai aussi que ces combinaisons ne sont
faites que pour la rétrogradation des nœuds de la lune
par rapport aux équinoxes de la terre, attendu qu'elles ne
comprennent que la rétrogradation occasionnée par l'inégalité de transport, d'occident en orient, entre les méridiens de la terre et le centre de cette dernière, pendant
le temps que la lune met pour se retrouver en face de
la même étoile fixe aux regards des hommes. Ces combinaisons ne contiennent pas la rétrogradation d'orient
en occident occasionnée par le transport de l'ensemble du

(1) Inclinaison qui peut avoir diminué.

système solaire autour de son étoile supérieure; ainsi donc,
la révolution entière des nœuds de la lune contre l'ordre
des signes du zodiaque doit être plus tôt achevée par rapport aux équinoxes de la terre que par rapport aux étoiles
fixes, attendu que, pendant que les nœuds de la lune se
portent d'une certaine étendue, d'orient en occident, en
une année (par le seul fait de l'inégalité de transport,
d'occident en orient, entre les méridiens de la terre et
le centre de cette dernière), l'ensemble du système solaire se transporte, tous les ans, d'orient en occident,
vis-à-vis de la même étoile fixe, de la valeur de vingt
minutes, vingt-deux secondes (1). Ainsi, ces vingt minutes, vingt-deux secondes, cumulées pendant la durée
de temps que mettent les nœuds de la lune pour achever
leur révolution rétrograde contre l'ordre des signes du
zodiaque par rapport aux équinoxes de la terre, ces vingt
minutes, vingt-deux secondes cumulées, dis-je, produisent un retard dans l'accomplissement de la révolution
des nœuds de la lune par rapport aux étoiles fixes.

On comprendra facilement ce retard en réfléchissant
que, en même temps que la révolution entière des nœuds
de la lune s'accomplit par rapport aux équinoxes de la terre,
l'ensemble du système planétaire se transportant, d'orient
en occident, de la valeur de vingt minutes, vingt-deux
secondes par année, les nœuds de la lune ne peuvent
plus se trouver en face de la même étoile fixe, qui n'a
pas varié dans le ciel.

Pour me rendre compte de la différence qui doit exister

---

(1) Voyez page 93.

entre la durée d'une révolution des nœuds de la lune par rapport aux équinoxes de la terre, et la même révolution par rapport aux étoiles fixes, j'ai dit :

L'ensemble du système solaire se transporte, d'orient en occident, de la valeur de vingt minutes, vingt-deux secondes en trois cent soixante-cinq jours, vingt-cinq centièmes de jour; de combien doit-il se transporter du même côté en six mille sept cent nonante jours? J'ai trouvé que, en six mille sept cent nonante jours, le système solaire devait se transporter, d'orient en occident, de la valeur de six heures, dix-huit minutes, trente-sept secondes.

Cette opération étant faite, j'ai dit de nouveau : les nœuds de la lune mettent vingt-cinq jours, vingt-deux heures, quatorze minutes, cinquante deux secondes, huit dixièmes de seconde (1), pour rétrograder d'un jour, neuf heures, quarante-trois minutes, quarante-huit secondes, combien ces mêmes nœuds doivent-ils mettre de temps pour rétrograder de six heures, dix-huit minutes, trente-sept secondes?

J'ai trouvé que, pour faire cette rétrogradation dans les mêmes proportions, les nœuds de la lune devaient mettre quatre jours, vingt et une heures, seize minutes, cinquante secondes.

D'après mes combinaisons, la durée de la révolution des nœuds de la lune par rapport aux étoiles fixes serait donc de quatre jours, vingt et une heures, seize minutes, cinquante secondes de plus que la durée de cette même révolution par rapport aux équinoxes de la terre.

---

(1) Voyez page 130.

D'après les observations qui ont donné lieu aux écrits de M. de Lalande, cette différence de durée était de quatre jours, vingt-deux heures, deux minutes, vingt-six secondes, un dixième de seconde (1).

On voit que mes combinaisons sont en rapport avec les observations qui avaient donné lieu aux écrits de M. de Lalande, car la différence de ces deux solutions est très-faible. Encore il faut faire la part de ce que ces combinaisons ont été faites à des époques éloignées les unes des autres, et que, pendant cet intervalle de temps, il s'est opéré un léger changement dans la vitesse de la rétrogradation des nœuds de la lune par rapport aux équinoxes de la terre, lequel changement de vitesse contribue un peu à ce que la différence qui existe aujourd'hui entre la durée d'une révolution des nœuds de la lune par rapport aux étoiles fixes et la durée de la même révolution par rapport aux équinoxes de la terre, ce changement de vitesse contribue un peu, dis-je, à ce que la différence de ces deux sortes de révolutions soit un peu moins grande aujourd'hui qu'elle ne l'était lors des observations qui ont donné lieu à l'écrit de M. de Lalande.

Ainsi, en face d'une pareille évidence, il n'est plus permis de douter de la réalité des faits que j'avance, car on ne peut pas mieux se rencontrer, surtout pour des combinaisons qui n'ont pas été faites de la même manière, puisque les unes (celles qui ont donné lieu aux écrits de M. de Lalande) sont le résultat de nombreuses observations au sujet de la marche rétrograde des nœuds

(1) Voyez page 133.

de la lune, sans en connaitre la vraie cause, et mes calculs,
à moi, sont établis par des combinaisons géométriques.

Il faut donc que les résultats obtenus géométriquement
aient été puisés dans la vraie cause de ces phénomènes,
puisque ces résultats sont en rapport avec ceux obtenus
par suite de nombreuses et minutieuses observations.

Du reste, la position et les divers mouvements de la
terre, à l'aide desquels j'ai fait mes combinaisons, sont
bien connus. Ainsi, chacun pourra s'édifier de la justesse de
mes calculs, maintenant que j'en ai donné la marche (1).

En attendant je conclus : qu'il est irrécusablement vrai
que la rétrogradation des nœuds des planètes, d'orient en
occident, contre l'ordre des signes du zodiaque, ne dépend uniquement que du mouvement de translation,
d'orient en occident, de l'ensemble du système solaire
autour de son étoile supérieure, tout comme la même
rétrogradation des nœuds de la lune ne dépend uniquement que de l'inégalité de transport, d'occident en orient,

_____

(1) Ainsi que je l'ai dit page 95, je suis bien certain qu'en faisant la
vérification de mes combinaisons on comprendra bien vite que la rétrogradation des nœuds des planètes, ainsi que la rétrogradation des
nœuds de la lune contre l'ordre des signes du zodiaque sont des phénomènes qui ne dépendent nullement du système d'attraction.

On reconnaîtra facilement que la puissance attractive que l'on a
supposé que les corps célestes exerçaient entre eux est un non-sens
qui a ébloui la majeure partie des penseurs qui ont recherché les
causes des phénomènes de la nature.

On a une preuve bien évidente de l'éblouissement qu'a occasionné
le système d'attraction, en voyant que M. Arago (l'un des hommes de
notre siècle le plus expert en astronomie) a été, comme beaucoup
d'autres célébrités, induit en erreur par ce faux système.

entre les méridiens de la terre et le centre de cette dernière pendant le temps que la lune met pour se retrouver
en face de la même étoile fixe aux regards des hommes.

Je dis cela, parce que j'en suis bien convaincu, parce
que c'est aussi vrai qu'il est vrai qu'une ligne courbe n'est
pas une ligne droite.

Je suis persuadé qu'un simple examen de la part des
hommes qui ont quelques connaissances en astronomie
suffira pour reconnaître la véracité de ce fait, car il n'est
pas plus difficile de s'en rendre compte que s'il s'agissait
de prouver l'évidence des retours des jours et des nuits
par le mouvement de rotation de la terre.

Ainsi je désire que cette question soit promptement
méditée dans l'intérêt des progrès de la science astronomique, et, aussi, parce que j'ai espoir que la société me
saura quelque gré des efforts que j'ai faits pour dévoiler
une vérité qui est appelée à rendre de grands services
à l'humanité.

Vienne, le 15 septembre 1850.

ANTOINE DERYAUX.

Errata.

Page 7, première ligne après le titre, au lieu de : La vue du soleil , lisez : *la vue du ciel.*

Page 12, 8me ligne, au lieu de : ils l'attribuent encore à l'attraction , lisez : *ils se servent encore de l'attraction.*

Page 141, première ligne de la note, au lieu de : Il est présumable que les flux et reflux du golfe, lisez : *Il est présumable que les flux et reflux du golfe de Venise, etc.*

TABLE DES MATIÈRES.

Analyse de l'histoire de l'astronomie d'après les différents systèmes suivis jusqu'à ce jour, — et Citation d'une partie des
principaux hommes célèbres qui se sont occupés de cette
science.   7

OBSERVATIONS   29

Méthode à employer pour connaître les grosseurs et les distances des corps célestes.   35

Discours préliminaire   39

Classification des corps célestes en général.   40

Particularités des corps célestes de première classe, appelés
étoiles fixes.   44

Quelques détails sur l'expansion et la compression des matières   49

Nouvelles particularités au sujet des grandes étoiles fixes. . .   52

Nouveaux détails sur les deux forces opposées, appelées expansion et compression   55

De la nature des corps célestes en général, appartenant aux
classes inférieures.   68

Particularités des étoiles de deuxième classe, telles que le soleil,
et autres corps célestes de ce genre   72

Particularités des corps célestes de troisième classe, appelés
planètes, tels que la Terre, Vénus, Jupiter, etc., etc. . . .   77

Particularités des comètes.   79

Particularités des corps célestes de quatrième classe, appelés
lunes, ou satellites des planètes   82

Nouvelles particularités des corps célestes de troisième classe,
appelés planètes ou satellites du soleil   84

Explication de la vraie cause de la rétrogradation des nœuds ou
équinoxes des planètes contre l'ordre des signes du zodiaque   92

Désignation des deux cercles que semblent parcourir sur la terre
le soleil et la lune.   96

Explication des différents aspects sous lesquels se présenterait la lune aux regards des habitants de la terre dans plusieurs cas différents relatifs aux mouvements de cette dernière, dans tous les cas le mouvement de la lune restant toujours le même. 102

Explication de la cause pour laquelle le mouvement réel de la lune a été mal compris, étant dénaturé à nos regards par les divers mouvements que lui fait faire la terre 109

Démonstration du mouvement réel de la lune, ainsi que de la vraie cause de la rétrogradation de ses nœuds contre l'ordre des signes du zodiaque 112

Explication de la cause pour laquelle la révolution des nœuds de la lune contre l'ordre des signes du zodiaque met plus de temps pour s'accomplir par rapport aux étoiles fixes que par rapport aux équinoxes de la terre 144

Errata 150

www.ingramcontent.com/pod-product-compliance
Lightning Source LLC
Chambersburg PA
CBHW071853200326
41519CB00016B/4356